Aventuras Matemáticas

Ian Stewart

Aventuras Matemáticas

Vacas no labirinto e outros enigmas lógicos

Tradução:
Maria Luiza X. de A. Borges

Revisão técnica:
Samuel Jurkiewicz
Coppe-UFRJ

ZAHAR

Título original:
Cows in the Maze
(And other mathematical explorations)

Tradução autorizada da primeira edição inglesa, publicada em 2010
por Oxford University Press, de Oxford, Inglaterra

Jorge Zahar Editor Ltda.
rua Marquês de São Vicente 99 – 1º | 22451-041 Rio de Janeiro, RJ
tel (21) 2529-4750 | fax (21) 2529-4787
editora@zahar.com.br | www.zahar.com.br

Grafia atualizada respeitando o novo Acordo Ortográfico da Língua Portuguesa

Preparação: Luciana Aché | Revisão: Joana Milli, Eduardo Carneiro Monteiro
Consultoria para o Cap.18 (nós de marinharia): Luciano Castro
Indexação: Geísa Pimentel Duque Estrada | Capa: Sérgio Campante
Ilustração da capa: © Spike Gerrell

CIP-Brasil. Catalogação na fonte
Sindicato Nacional dos Editores de Livros, RJ

Stewart, Ian, 1945-
S871a Aventuras matemáticas: vacas no labirinto e outros enigmas lógicos / Ian Stewart; tradução Maria Luiza X. de A. Borges; revisão técnica Samuel Jurkiewicz. – Rio de Janeiro: Zahar, 2012.

il.

Tradução de: Cows in the maze (And other mathematical explorations)
Inclui índice
ISBN 978-85-378-0897-9

1. Matemática. 2. Histórias de aventuras. I. Título.

12-4663 CDD 539.725
CDU 544.121.2

Sumário

Introdução

As vacas estão de volta.

Se você chegou agora, ou não tem prestado atenção, *Aventuras matemáticas* é a terceira coletânea de minha coluna "Mathematical Recreations", da *Scientific American* e sua edição francesa, *Pour La Science*. Tipicamente, a edição francesa contém material especial próprio, e, durante algum tempo, escrevi seis colunas por ano para a edição americana e outras seis para a francesa. E há duas coletâneas anteriores publicadas por outros editores.

Ah, sim, as vacas.

Quando estávamos organizando a primeira coletânea da Oxford University Press, *Mania de matemática*,* os editores decidiram tornar o livro ainda mais acessível, colocando cartuns em todos os capítulos, além da capa, é claro. Num golpe de gênio, tiveram a ideia de convidar Spike Gerrell. Um dos capítulos era sobre a "contagem das cabeças de gado do Sol", um enigma diabolicamente complicado cuja resposta tinha 206.545 dígitos e foi descoberta pela primeira vez em 1880. Temos razões para acreditar que Arquimedes não pretendia que ele fosse *tão* diabólico... mas quando se trata de Arquimedes, nunca se sabe.

Seja como for, Spike agarrou-se à deixa do tema bovino porque desenha vacas particularmente graciosas. Na capa da edição americana, uma vaca saltava sobre a Lua, e três tinham os olhos vendados — bem, na

* As coletâneas *Mania de Matemática* e *Mania de Matemática 2* foram publicadas no Brasil pela Zahar. (N.E.)

verdade estavam de capuz. Olhando para a lombada, vemos uma vaca nos fitando pelo canto do livro.

Mania de matemática – 2 foi um território livre de vacas, embora Spike tenha introduzido alguns cavalos de xadrez, um gato enredado — num fio de telefone, sem nenhuma relação com Schrödinger ou qualquer coisa quântica — e um coelho perplexo. A oportunidade de compensar as vacas por essa injustiça apresentou-se quando decidimos organizar outra coletânea, e um dos tópicos possíveis era "vacas no labirinto" — e aqui as temos de volta, neste *Aventuras matemáticas*.

Pois bem, talvez você pense que matemática é um assunto muito sério, e um rebanho de vacas desembestadas num labirinto, observadas por uma gangue de engenheiros que estão ou construindo o labirinto ou pondo-o abaixo, não possui a devida *dignidade*. Mas, como eu já disse muitas vezes, "sério" não precisa ser igual a "solene". A matemática é de fato um assunto sério: nossa civilização não poderia funcionar sem ela — um aspecto do assunto que, sem dúvida, é novidade para muitos, mas que pode ser facilmente provado para qualquer pessoa interessada. Por isso, a matemática é tão séria que precisamos relaxar um pouco e parar de nos preocupar tanto com pontos decimais, frações e paralelogramos (ainda estudam isso hoje em dia?), senão acabamos por ocultar o grande segredo que torna essa matéria muito mais palatável: a saber, que ela é divertida.

Até os problemas sérios são divertidos, de uma maneira séria. Dificilmente alguma coisa pode superar a maravilhosa sensação que temos quando a lampadazinha em nossa cabeça se acende e *compreendemos*, de repente, o que faz um problema matemático pulsar. A pesquisa matemática — uma grande parte de meu trabalho quando não estou escrevendo livros — consiste, durante 99% do tempo, em bater a cabeça contra uma parede de tijolos metafórica e, durante 1% dele, em perceber de súbito que tudo é absolutamente óbvio, e estávamos sendo de uma burrice extraordinária. A pequena lâmpada emite um clarão, e nos livramos da sensação de tolice, já que 99,99% da raça humana não compreenderia o problema, muito menos a solução, e a matemática sempre parece fácil depois que a compreendemos.

Uma das razões por que me tornei matemático foi a coluna mensal sobre matemática da *Scientific American* — na época intitulada "Mathematical Games", e escrita pelo inimitável Martin Gardner. Embora Gardner não fosse matemático, seria muito limitador qualificá-lo como jornalista. Ele era um escritor, cujos interesses incluíam enigmas, mágica (do tipo de palco), filosofia e a denúncia das idiotices da pseudociência. Sua coluna "Mathematical Games" funcionava precisamente porque ele *não* era matemático, mas tinha um instinto fantástico para o interessante, o curioso e o significativo. É impossível seguir o seu exemplo, e nunca tentei. Mas foi Gardner que me mostrou que a matemática é muito mais ampla e rica do que qualquer coisa com que tive contato durante a escola.

Não estou me queixando da matemática ensinada na escola. Tive uma série de professores excelentes, um dos quais — chamado Gordon Radford — dedicava a maior parte de seu tempo livre a ensinar a mim e a alguns amigos a mesma lição que eu estava recebendo de Gardner: a matemática envolve muito mais coisas do que os livros didáticos nos levam a supor. A escola deu-me a técnica, mas Gardner me deu a *paixão*. Kathleen Ollerenshaw, uma das melhores professoras de matemática da Grã-Bretanha, narra em sua autobiografia, *To Talk of Many Things*, um incidente ocorrido quando estava na escola e deixou escapar sua esperança de descobrir algo de novo na matemática. Uma de suas colegas expressou uma opinião contrária: por que se dar a esse trabalho se já temos matemática de sobra? Tomo o partido da sra. Kathleen. De fato, um dos capítulos mostra que sua ambição se realizou, muito embora sua carreira tenha enveredado pela educação e o governo local. Ela tinha 82 anos na época, e isso foi em 1999.

Aventuras matemáticas pode ser lido em qualquer ordem: todos os capítulos são independentes, e você pode pular qualquer coisa que o aborreça. (Aqui está mais um formidável segredo matemático, que tive a sorte de aprender ainda jovem: não se prenda a detalhes difíceis, siga em frente de qualquer maneira. Muitas vezes a luz aparece depois, e, se não aparecer, você pode sempre voltar *atrás* e tentar de novo.) A exceção é uma série de três capítulos sobre a matemática da viagem no tempo (originalmente ela ocupava duas colunas, mas como era gigantesca, eu a dividi).

Os tópicos são diversos — não é um livro didático, é uma celebração da alegria da investigação e da descoberta matemática. Alguns capítulos têm formato de "histórias", outros são pura descrição. Tive de parar de apresentar a coluna no formato de história quando meu espaço na revista americana foi reduzido de três páginas para duas. Os franceses continuaram a satisfazer meu gosto pela narrativa, intercalando com os meses em que não havia a coluna americana, até que os americanos me deixaram escrever uma coluna todo mês. E, apesar das vacas, o leitor perspicaz encontrará uma grande diversidade de matemática genuína espalhada por estas páginas: teoria dos números, geometria, topologia, probabilidades, análise combinatória... e várias áreas de matemática aplicada, incluindo mecânica dos fluidos, física matemática e locomoção animal.

As colunas beneficiaram-se de uma animada correspondência com os leitores, e, no fim, eles estavam fornecendo cerca da metade das ideias para os temas. Iniciamos uma seção de "Feedback", e incluí sugestões de leitores na maioria dos capítulos. Tentei preservar o sabor dos originais, ao mesmo tempo em que os atualizava e removia quaisquer erros ou ambiguidades de que tivesse conhecimento. Introduzi também uma nova característica para refletir a crescente influência da internet: referências a websites interessantes.

Agradeço a minha editora, Latha Menon, e a todos os outros na Oxford University Press que se deixaram persuadir e aprovaram minhas novas travessuras com as vacas de Spike; a Spike por uma capa coberta de vacas; a Philippe Boulanger, que começou tudo isso, deixando-me escolher entre as capas de *Pour La Science*; e à *Scientific American*, por me ajudar a realizar um sonho de criança.

IAN STEWART

- 1 -
As manhas e artimanhas dos dados

Dados... Parecem algo tão simples, meros cubos com números. Os antigos os usavam para jogar e para adivinhar a vontade dos deuses. A matemática dos dados é mais recente, parte de uma compreensão mais ampla de que o acaso tem seus próprios padrões. Se você souber procurá-los.

Os dados são um dos mais antigos instrumentos de jogo. O historiador romano Heródoto afirma que eles foram introduzidos pelos lídios no tempo do rei Átis, mas Sófocles discordou, e atribuiu sua invenção a um grego chamado Palamedes, segundo ele durante o cerco de Troia. Pode parecer plausível que os dados tenham sido inventados para dar aos entediados sitiadores alguma coisa para fazer enquanto esperavam que os troianos se rendessem, mas o crédito não é deles. Dados foram encontrados em ruínas chinesas de cerca de 600 a.C. Arqueólogos descobriram dados cúbicos, para todos os efeitos idênticos aos de hoje, em túmulos egípcios datados de 2000 a.C. Outros achados remontam a 6000 a.C. Os dados parecem ser uma dessas formas básicas que se originaram de maneira independente em muitas culturas diferentes. O formato cúbico, no entanto, não é único. Dados de muitos formatos e com muitas marcas estranhas foram usados por índios norte-americanos, culturas sul-americanas, como os maias e astecas, polinésios, inuítes e muitas tribos africanas. Eram feitos de materiais que variavam de dente de castor a porcelana. O jogo de RPG *Dungeons & Dragons* usa dados com formas de sólidos regulares.

Dados são coisas tão simples, mas suas possibilidades são quase infinitas.

Para impedir que este capítulo tome conta do livro todo, vou me concentrar exclusivamente em dados comuns, modernos. Eles apresentam, é claro, uma forma cúbica, e em geral têm arestas e cantos arredondados. Sua principal característica é um padrão de pontos em cada face, o número de pontos sendo 1, 2, 3, 4, 5 e 6. Pontos em faces opostas somam 7, portanto as faces se apresentam em três pares: 1 e 6, 2 e 5, e 3 e 4. Sejam quais forem as rotações do cubo, essa propriedade possibilita dois tipos de arranjos (Figura 1), e um é a imagem especular do outro. Hoje em dia praticamente todos os dados de fabricação ocidental são como a Figura 1a, na qual as faces 1, 2, 3 giram em torno de seu vértice comum na direção anti-horária. Fui informado de que, no Japão, dados com essa lateralidade são usados em todos os jogos, exceto Mah-Jong, em que se usam os dados com a imagem especular da Figura 1b. Os dados orientais têm um ponto muito maior para o número 1, e alguns pontos podem ser vermelhos em vez de pretos, dependendo da cultura.

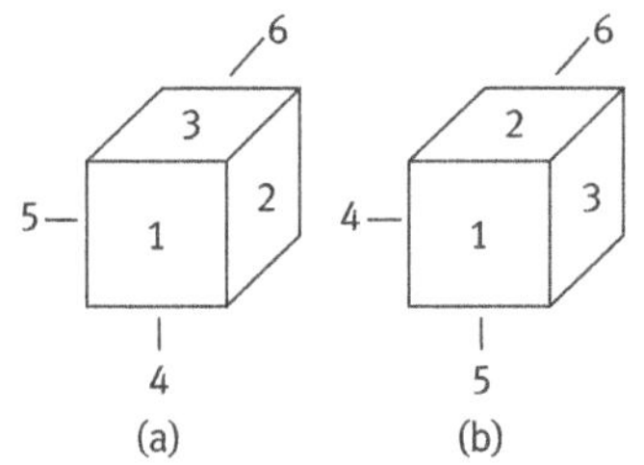

Figura 1. As duas maneiras diferentes de numerar dados.

Em geral, os dados são jogados em pares, e um fato fundamental aqui é a probabilidade de se obter determinado total. Para calcular essas probabilidades — pressupondo-se que os dados não sejam viciados, o que significa que cada face tem uma probabilidade de 1/6 de aparecer no topo —, descobrimos quantas maneiras diferentes existem para se alcançar um determinado total. Depois, dividimos isso por 36, o número total de pares, levando em conta qual dado é qual. É mais fácil fazer isso imaginando que um dado é vermelho e o outro, azul. Sendo assim, um total de 12, digamos, só pode ocorrer de uma maneira: dado vermelho = 6, dado azul = 6. A probabilidade de um total de 12 é, portanto, 1/36. Um total de 11, por outro lado, pode ocorrer de duas maneiras: dado vermelho = 6, dado azul = 5, *ou* dado vermelho = 5, dado azul = 6. Sua probabilidade portanto é 2/36 = 1/18.

Isto pode parecer óbvio, mas, em geral, os dados são indistinguíveis, e colori-los é um pouco artificial. Um pensador tão ilustre quanto o matemático e filósofo Gottfried Leibniz julgava que as possibilidades de obter 11 e 12 deviam ser iguais. Segundo ele, havia uma *única* maneira de obter 11: um dado = 6, o outro = 5. No entanto, essa linha de ataque apresenta vários problemas. Talvez o mais importante seja que ela discorda vastamente do experimento, em que se obtém 11 cerca de duas vezes mais que 12. Outro é que ela conduz à improvável conclusão de que a probabilidade de se obter *algum* total com os dois dados (seja ele qual for) é menor que um. Ou, caso você não goste desta interpretação, ela implica que a probabilidade de obter 12 é maior que 1/36.

A Figura 2 mostra as probabilidades para todos os totais de 2 a 12. No jogo *craps*, que data da década de 1890, a intuição dessas probabilidades é decisiva. Nele um jogador, o *shooter*, aposta uma soma em dinheiro. Então os outros escolhem quanto querem apostar. Se o total apostado pelos outros jogadores for menor que a aposta inicial do *shooter*, este reduz sua aposta de modo a igualá-la àquele total. Em seguida, o *shooter* lança os dados. Tirando 7 ou 11 (*natural*) no primeiro lance, ele vence de imediato; com 2 (*snake eyes*), 3 ou 12 (*craps*), ele perde. Se caírem os números 4, 5, 6, 8, 9, 10, torna-se seu "ponto". Ele continua a lançar, visando obter o ponto de novo antes de tirar 7 (*craps out*). Se conseguir, ganha todo o dinheiro; se fracassar, perde.

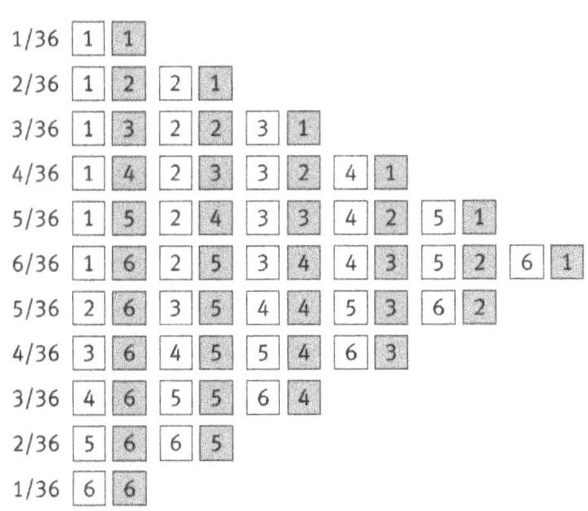

Figura 2. As probabilidades de totais para dois dados.

A partir da Figura 2 e de algumas outras considerações, pode ser calculado que a chance que o *shooter* tem de vencer é 244/495, cerca de 49,3%. Isto é *pouco* menos que um para um. Jogadores profissionais podem transformar essa ligeira desvantagem numa vantagem através de dois métodos. Um é aceitar ou rejeitar várias "apostas laterais" com outros jogadores, explorando um conhecimento superior das probabilidades. O outro é trapacear, usando prestidigitação para introduzir dados viciados no jogo.

Dados podem ser viciados de várias maneiras. Suas faces podem ser sutilmente raspadas de modo que seus cantos não sejam ângulos retos, ou podem ser "chumbados". Ambas essas técnicas tornam alguns resultados mais prováveis que outros. De maneira mais drástica, o dado comum pode ser substituído por "*tops*": dados viciados que se apresentam em diversas variedades. Por exemplo, o dado pode ter apenas três números diferentes, que se repetem nas faces opostas. A Figura 3 mostra um exemplo que tem apenas as faces 1, 3 e 5. Como cada jogador vê no máximo três faces de um dado ao mesmo tempo, e como os *tops* não têm duas faces adjacentes com o mesmo número de pontos, a um olhar superficial parece não haver nada de errado com eles. No entanto, não é possível assegurar que os arranjos em todos os vértices girem na ordem "correta". De fato, se a ordem for 135 no sentido anti-horário em torno de um vértice, ela deverá ser 135 no sentido horário em torno de um vértice adjacente, como mostra a Figura 3. Assim, um jogador atento pode detectar o subterfúgio.

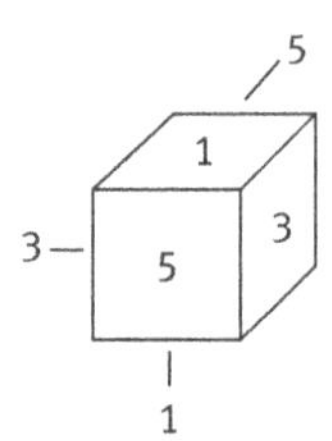

Figura 3. "*Tops*" — como trapacear.

Tops podem ser usados no *craps* para vários fins. Um par de dados 135, por exemplo, nunca pode produzir 7, logo eles permitem a um jogador nunca incorrer num *crap out*. Um dado 135 e um dado 246 não podem produzir um total par, não permitindo portanto ao jogador fazer um ponto de 4, 6, 8 ou 10. *Tops* devem ser usados com muita parcimônia se quiserem passar despercebidos — até o mais ingênuo dos jogadores acabará se perguntando por que saem apenas totais ímpares. Por isso, dados viciados costumam ser rapidamente trocados e destrocados pelos corretos, de modo a alterar as probabilidades apenas um pouco na direção favorecida. Há também "*tops* de uma só direção", em que apenas um número aparece duas vezes. Saber reconhecer instantaneamente a disposição dos números num dado é essencial para jogadores profissionais, porque pode ajudá-los a detectar *tops*.

Muitos truques de mágica e de salão usam dados. Muitos se baseiam na regra de que faces opostas somam 7. Martin Gardner descreve um deles em seu *Mathematical Magic Show*. O mágico fica de costas e pede a um membro da plateia para lançar três dados comuns e somar as faces superiores. Em seguida, a vítima é instruída a escolher qualquer dado e somar o número de sua face inferior ao total. Por fim, a vítima lança esse mesmo dado de novo e soma o número superior ao total prévio. Então, o mágico se vira e declara imediatamente qual foi o resultado — embora não tenha a menor ideia de qual foi o dado escolhido.

Como isso funciona? Suponha que os dados tenham os totais a, b e c e que o dado a seja escolhido. O total inicial é $a + b + c$. A isso, é acrescentado $7 - a$, fazendo $b + c + 7$. Depois, a é lançado de novo, dando d, e o resultado final é $d + b + c + 7$. O mágico olha, então, para os três dados, cujo total é $d + b + c$ — de modo que lhe basta somá-los rapidamente e acrescentar 7.

Henry Ernest Dudeney, o grande enigmista inglês, incluiu um truque diferente em seu livro *Amusements in Mathematics*. Novamente, o mágico pede que três dados sejam lançados enquanto ele fica de costas. Desta vez, pede-se à vítima que dobre o valor do primeiro dado e acrescente 5; depois, que multiplique o resultado por 5 e some o valor do segundo dado; depois, que multiplique o resultado por 10 e acrescente o valor do terceiro dado. Ao ser informado do resultado, o mágico diz imediatamente quais eram os números dos três dados. O resultado, é claro, é $10\ (5(2a + 5) + b) + c$, ou $100a + 10b + c + 250$. Portanto, o mágico subtrai 250 do resultado, e os três dígitos da resposta são os números nos dados.

Jogos com dados não precisam envolver nenhum elemento aleatório. Um desses jogos começa com um jogador escolhendo um número "alvo", como 40. O outro jogador põe um único dado sobre a mesa, com uma das faces para cima — digamos 3. Esse valor inicia um total acumulado. Agora, o outro jogador pode rolar o dado um quarto de volta — o que, neste caso, resulta em 1, 2, 5 ou 6. O que aparecer no topo, seja o que for, é acrescentado ao total acumulado. Se, por exemplo, o segundo jogador rolar o dado para mostrar 2, o total acumulado se torna 3 + 2 = 5. Os jogadores se revezam para rolar o dado um quarto de volta, em qualquer direção que desejem, e o total contínuo se acumula. O primeiro jogador a alcançar um total acumulado mais alto que o alvo perde.

Há um método sistemático para analisar esses jogos, explicado em detalhe em meu livro *Another Fine Math You've Got Me Into*. A ideia é dividir as posições do jogo em duas classes, "ganhar" e "perder", e trabalhar começando do fim, usando os dois princípios seguintes:

- Se *qualquer* movimento a partir da posição atual levar a uma posição vencedora (para o outro jogador), a posição atual é perdedora.
- Se *algum* movimento a partir da posição atual levar a uma posição perdedora (para o outro jogador), a posição atual é vencedora.

Por exemplo, se o total contínuo atual for 39 e a face 1 estiver para cima, o próximo jogador não tem escolha senão ultrapassar 40, de modo que essa é uma posição vencedora. Para realmente *vencer*, você precisa fazer a jogada certa.

Para fazer esse cálculo, é melhor trabalhar com a diferença entre o total atual e o alvo — isto é, o "alvo efetivo" daquele estágio em diante. No exemplo acima, o alvo efetivo é 40 – 39 = 1, e, seja qual for o movimento que o próximo jogador faça, irá excedê-lo. Por outro lado, se a face 2 estiver para cima quando o alvo efetivo for 1, o próximo jogador pode girar o dado de modo a deixar 1 para cima e vencer.

A tabela a seguir resume o status de vários estados do jogo, para alvos efetivos entre 0 e 25. Aqui, o estado — a face que está para cima — é mostrado à esquerda das colunas, o total efetivo está no topo da coluna, e cada coluna mostra "P" para uma posição perdedora, ou uma lista de jogadas vencedoras para uma posição vencedora. Observe que os estados 1 e 6 são a mesma coisa, já que levam aos mesmos quatro lances possíveis: 2, 3, 4 e 5. O mesmo pode ser dito dos estados 2/5 e 3/4. Por isso, a tabela tem apenas três linhas.

Status do alvo efetivo	1	2	3	4	5	6	7
1 ou 6	P	2	3	4	5	3	234
2 ou 5	1	1	3	4	P	36	346
3 ou 4	1	12	P	P	5	6	26

Status do alvo efetivo	8	9	10	11	12	13	14	15	16
1 ou 6	4	P	5	23	34	4	5	3	234
2 ou 5	4	P	1	3	34	4	P	36	34
3 ou 4	P	P	15	2	P	P	5	6	2

Status do alvo efetivo	17	18	19	20	21	22	23	24	25
1 ou 6	4	P	5	23	34	4	5	3	234
2 ou 5	4	P	1	3	34	4	P	36	34
3 ou 4	P	P	15	2	P	P	5	6	2

Apresentei as tabelas para enfatizar a característica principal: as colunas 17-25 são iguais às colunas 8-16. Uma vez que esse padrão se estabelece, ele deverá se repetir indefinidamente, de modo que as colunas 26-34, 35-43, 44-52 e assim por diante, também são iguais às colunas 8-16. Isso ocorre porque qualquer jogada reduz o alvo efetivo por no máximo 6, de modo que as entradas numa dada coluna dependem apenas daquelas nas seis colunas à sua esquerda. Assim, tão logo um bloco de seis colunas consecutivas (ou mais) repita as entradas vistas num bloco anterior, o padrão deverá se repetir indefinidamente.

Essas repetições devem ser esperadas em todos os jogos desse tipo, porque há apenas um número finitamente possível de colunas. Mas foi sorte nossa o bloco que se repete ocorrer tão cedo, e ser tão curto. Isso leva a uma regra completa, mas nada intuitiva, para uma estratégia vencedora. Do alvo escolhido, subtraia 9 repetidamente, até entrar pela primeira vez na faixa 0-16. Depois, examine a coluna resultante para ver se a posição é vencedora ou perdedora — se for vencedora, faça uma das jogadas vencedoras sugeridas.

Por exemplo, suponha que o alvo seja 1.000. Subtraindo 9 repetidamente, chegamos a 19, que ainda é maior que 16, e, por fim, a 10, onde paramos. A coluna 10 nos diz que podemos sempre fazer uma jogada vencedora. Se o estado for 1/6, colocamos a face 5 para cima; se o estado for 2/5, colocamos 1; e se o estado for 3/4, colocamos 1 ou 5. Continue repetindo este procedimento, e, por fim, você vencerá.

Se você tiver azar e a posição inicial for perdedora, resta-lhe esperar que seu adversário não conheça a estratégia. Faça qualquer jogada que quiser, espere que ele faça a dele e repita o cálculo. Logo você deve chegar a uma posição vencedora, a menos que haja um milagre em curso, depois disso você controla o jogo por completo. Com um esforço moderadamente heroico, é possível decorar a tabela toda. Ou você pode simplificá-la, lembrando apenas uma jogada vencedora para cada estado, em vez da lista inteira. Na verdade, se você fizer isso de maneira inteligente, poderá ignorar todas as colunas depois da 11ª, reduzindo a quantidade a ser memorizada a algo bastante razoável.

Outros problemas com dados envolvem dados modificados com numerações não padronizadas. Por exemplo, você consegue pensar numa maneira de rotular dois dados usando apenas os números 0, 1, 2, 3, 4, 5 ou 6, para obter um par de dados com o qual todos os totais de 1 a 12 sejam igualmente prováveis? (Veja a resposta no fim deste capítulo.) Entre os fenômenos com dados, talvez o que pareça mais improvável seja o dos "dados não transitivos". Faça três dados, A, B e C, numerados assim:

A: 3 3 4 4 8 8
B: 1 1 5 5 9 9
C: 2 2 6 6 7 7

Então, a longo prazo, B vence A. De fato, o dado B fornece um total mais alto que A, com uma probabilidade de 5/9. De maneira semelhante,

C vence B com probabilidade de 5/9. Portanto, obviamente C vence A, certo? Não, A vence C com probabilidade de 5/9. A próxima tabela justifica estas afirmações: ela apresenta o vencedor para cada combinação de dados. Por exemplo, se B está disputando com C, veja o segundo quadro. Suponha que B tira 5 e C tira 6. Logo C tem o lance mais alto, desse modo C vence. Portanto a coluna 5, fileira 6 desse quadro dá C.

	A	3	4	8
B				
1		A	A	A
5		B	B	A
9		B	B	B

	B	1	5	9
C				
2		C	B	B
6		C	C	B
7		C	C	B

	C	2	6	7
A				
3		A	C	C
4		A	C	C
8		A	A	A

No primeiro quadro, há 5 B e 4 A, portanto B vence A com probabilidade de 5/9, como afirmamos. No segundo quadro, há 5 C e 4 B, portanto C vence B com probabilidade de 5/9. No terceiro quadro, há 5 A e 4 C, portanto A vence C com probabilidade de 5/9.

Você pode fazer uma fortuna com um conjunto de dados assim! Deixe seu adversário escolher um; depois você escolhe qualquer dos outros dois que o vença (a longo prazo, com probabilidade maior do que 50%). Repita. Você vencerá em 55,55% das jogadas. No entanto, seu adversário pode escolher livremente o "melhor" dado!

Um alerta, porém: não deposite *muita* confiança na teoria das probabilidades sem tornar as regras do jogo *muito* precisas. Em seu maravilhoso livrinho *The Broken Dice*, Ivar Ekeland conta a história de dois reis nórdicos que decidiram no dado o destino de uma ilha que disputavam. O rei da Suécia lançou dois dados e obteve um duplo 6. Isso, gabou-se ele, era invencível, portanto o melhor que o rei Olaf da Noruega tinha a fazer era se dar por vencido. Olaf murmurou qualquer coisa, dando a entender que também poderia obter um duplo 6, e lançou os dados. Um deu 6; o outro se partiu em dois pedaços, um mostrando 1 e o outro, 6. Total: 13! Isto serve para mostrar que o que lhe parece possível depende do modo como você encara o problema.

Se a história for verdadeira, o rei Olaf tinha uma sorte extraordinária. Alguns céticos acham que ele armou todo o esquema.

FEEDBACK

Muitos leitores escreveram apresentando suas próprias variações para o conjunto de três dados "não transitivos" da coluna de novembro de 1997. Meus dados tinham as seguintes faces (cada uma ocorrendo duas vezes): A: (3, 4, 8); B: (1, 5, 9); C: (2, 6, 7). Então, B vence A com probabilidade de 5/9, C vence B com probabilidade de 5/9 e A vence C com probabilidade de 5/9. George Trepal, de Gehring, na Flórida, mostrou que esse conjunto de números, devidamente arranjado, forma as colunas de um quadrado mágico — uma disposição de números cujas fileiras, colunas e diagonais têm soma igual. O quadrado mágico em questão é

8 1 6
3 5 7
4 9 2

Além disso, há uma curiosa "dualidade": se as fileiras desse quadrado forem usadas como as faces de um dado, digamos A: (8, 1, 6); B: (3, 5, 7); C: (4, 9, 2) — novamente cada face ocorrendo duas vezes se você quiser dados de seis lados em vez dos heterodoxos dados de três lados —, o conjunto resultante é mais uma vez não transitivo, e A vence B com probabilidade de 5/9, B vence C com probabilidade de 5/9 e C vence A com probabilidade de 5/9.

Com o quadrado mágico

8 1 9
7 6 5
3 11 4

os resultados são curiosamente diferentes. Para as fileiras, A vence B com probabilidade de 6/9, B vence C com probabilidade de 6/9 e C vence A com probabilidade de 5/9. Para as colunas, B vence A com probabilidade de 5/9, C vence B com probabilidade de 5/9 e A vence C com probabilidade de 5/9.

O melhor conjunto de Trepal — usando os menores números — segue o padrão 6/9, 6/9, 5/9 e é A: (1, 4, 4); B: (3, 3, 3); C: (2, 2, 5). Zalman Usiskin, da Universidade de Chicago, levantou e respondeu uma pergunta natural. É possível tornar a vantagem maior que 5/9? Mais precisamente, tendo-se três dados não transitivos de seis lados e *chumbados*, qual é a maior probabilidade possível *p* para a qual todos os três pares fornecem uma vitória com probabilidade de pelo menos *p*? Por "chumbado", quero dizer que as faces não precisam aparecer com igual probabilidade. A resposta é uma nova ocorrência de um número famoso, o número áureo

$$\phi = \frac{1+\sqrt{5}}{2}$$

Suponha que:

A obtém 4 com probabilidade de $\phi - 1$ e 1 com probabilidade de $2 - \phi$;

B sempre obtém 3;

C obtém 2 com probabilidade de $\phi - 1$ e 5 com probabilidade de $2 - \phi$.

Assim A vence B, B vence C e C vence A, tudo com probabilidade de $\phi - 1$, que é cerca de 0,618. Isto é significativamente maior que 5/0,9 = 0,555 e é a maior vantagem possível.

Dados chumbados podem ser simulados, com bastante precisão, por dados não chumbados com muitas faces, repetindo cada número pela quantidade adequada de vezes. Usando um icosaedro, com 20 faces, podemos obter um número de 16/25 = 0,64, da seguinte maneira:

A tem 4 em 12 faces e 1 em 8 faces;

B tem 3 em todas as 20 faces;

C tem 2 em 12 faces e 5 em 8 faces.

RESPOSTA

Para fazer dois dados para os quais os totais de 1 a 12 sejam igualmente prováveis, um deve ter faces 1, 2, 3, 4, 5, 6 e o outro, 0, 0, 0, 6, 6, 6.

WEBSITES

Gerais

http://en.wikipedia.org/wiki/Dice

http://mathworld.wolfram.com/Dice.html

Dados não transitivos

http://en.wikipedia.org/wiki/Nontransitive_dice

História

http://hometown.aol.com/dicetalk/polymor2.htm

Dados viciados

http://homepage.ntlworld.com/dice-play/

– 2 –
A busca da privacidade poligonal

Algumas das questões mais difíceis em matemática são inspiradas pela vida cotidiana. Quem imaginaria que o simples ato de construir cercas pode elucidar problemas que ninguém foi capaz de resolver ainda?

Uma das áreas mais atraentes da matemática, cheia de problemas simples cujas soluções são desconhecidas até hoje, é a geometria combinatória. Nesses problemas, o objetivo é encontrar arranjos de linhas, curvas ou outras formas geométricas que alcancem certo objetivo da maneira mais eficiente possível. Por exemplo, o problema do Cobertor da Mãe Minhoca* pergunta: qual é o formato da menor área que pode cobrir uma curva com uma unidade de comprimento, independente da disposição da curva? Embora muitos formatos tenham sido apresentados como candidatos, até agora nenhum deles provou ter a área mínima e continua sendo possível que o problema não tenha absolutamente nenhuma solução. Matemáticos recreativos podem se divertir muito com questões desse tipo, porque há amplo campo para experimentação e engenhosidade. Mesmo que não seja possível provar que um formato particular é o melhor possível, podem-se encontrar aperfeiçoamentos em relação aos que eram conhecidos previamente.

Este capítulo concentra-se num enigma conhecido como o Problema do Quadrado Opaco, juntamente com diversas variações fascinantes. Ele foi trazido à minha atenção por Bernd Kawohl (Colônia), e a discussão baseia-se no artigo que ele me enviou. Suponha que você tem um terreno

* Ver *Game, Set and Math*, cap.1.

quadrado, cujos lados, para simplificar, têm uma unidade de comprimento. Por alguma razão pessoal — digamos, privacidade —, você quer construir em sua propriedade uma cerca que impeça que qualquer linha reta de visão a atravesse. Além disso, para poupar dinheiro, você quer que a cerca seja o mais curta possível, capaz de bloquear toda a linha de visão. Que disposição daria a essa cerca?

A cerca pode ser tão complicada quanto você quiser, com muitos trechos diferentes, unidos a seu bel-prazer. Os trechos podem ser curvos ou retos. Na verdade, ela poderia ter qualquer formato para o qual alguma generalização do conceito "comprimento" faça sentido.

Talvez a solução mais óbvia seja construir uma cerca em torno de todo o perímetro, o que dá um comprimento total de 4 (Figura 4a). Uma breve reflexão revela um melhoramento: deixe um lado de fora para criar uma forma de U com cantos quadrados (Figura 4b). Agora, o comprimento se reduz para 3. Esta é, de fato, a cerca mais curta se fizermos a suposição adicional de que ela deve ser uma *única* linha poligonal ou curva. Por quê? Porque toda cerca que torna o quadrado opaco deve passar pelos quatro pontos dos cantos (do contrário há uma "linha de visão" passando através de um canto), e a curva única mais curta que contém todos os quatro cantos é composta pelos três lados do quadrado.

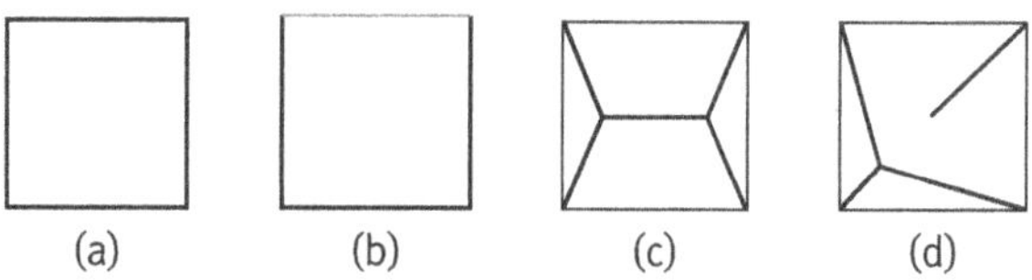

Figura 4. Cercas opacas para o quadrado.

No entanto, existe uma cerca mais complicada, com comprimento $1 + \sqrt{3} = 2{,}732$, como na Figura 4c. Todos os ângulos entre as linhas têm 120°. Disposições deste tipo, em que a cerca é conectada, são chamadas de árvores de Steiner, e há muito se sabe que ângulos de 120° mantêm o comprimento da cerca o mais curto possível.* Esta é a menor cerca *conectada*. Mas ainda

* Ver *Mania de matemática - 2*, Cap.12 (Zahar, 2009).

não terminamos. Se permitirmos que a cerca tenha vários pedaços desconectados, o comprimento total pode ser reduzido a 2,639, como na Figura 4d. Aqui, as três linhas na metade inferior do diagrama novamente se encontram em ângulos de 120°. Em geral, acredita-se que esta tentativa final é a menor cerca opaca possível, mas até hoje ninguém encontrou uma prova.

Na verdade, ainda não foi provado nem mesmo que exista uma cerca opaca que seria a menor possível. O principal problema para provar sua existência é que poderia ser possível (talvez!) continuar encurtando a cerca, tornando-a cada vez mais complicada. Vance Faber e Jan Mycielski provaram que, para qualquer número de componentes conectados, existe uma cerca opaca mais curta. O que não se sabe é se o comprimento mínimo continua encolhendo à medida que o número de componentes aumenta sem limite, ou se uma cerca com um número infinito de componentes pode suplantar todas as cercas com um número finito deles. Parece improvável que qualquer dessas coisas possa acontecer, mas até agora nenhuma hipótese foi excluída.

Kawohl apresentou uma prova encantadora de que a Figura 4d é a menor cerca com exatamente dois componentes. Primeiro, ele mostra que um componente deve conter três cantos do quadrado e o outro deve conter o canto restante. O primeiro componente deve, portanto, ser a árvore de Steiner mais curta que ligue três cantos, e é sabido que esta tem o formato mostrado na parte inferior da figura. O invólucro convexo desse formato — a menor região convexa que o contém — é o triângulo formado cortando-se o quadrado em dois ao longo de uma diagonal. O segundo componente deve ser a menor curva que une o quarto canto a esse triângulo, e esta é claramente a linha diagonal que vai desse canto ao centro do quadrado.

O que dizer sobre outros formatos além do quadrado? Se o terreno for um triângulo equilátero, a menor cerca opaca é uma árvore de Steiner, formada unindo-se cada canto ao centro ao longo de uma linha reta (Figura 5a). Se o terreno for um pentágono regular, a menor cerca opaca conhecida tem três pedaços, como na Figura 5b. Um pedaço é uma árvore de Steiner que liga três cantos adjacentes do pentágono. A segunda é uma linha reta que une o quarto lado ao invólucro convexo dos primeiros três cantos. A terceira é uma linha reta que une o canto final ao invólucro convexo dos quatro primeiros. Novamente, não há provas de que essa cerca tenha o menor comprimento possível, mas nenhuma cerca opaca mais curta foi descoberta.

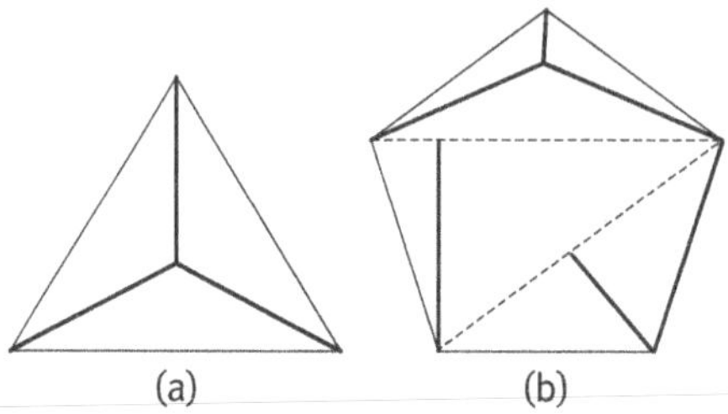

Figura 5. Cercas opacas para o triângulo equilátero e para o pentágono e hexágono regulares.

Para o hexágono regular, a melhor cerca conhecida é parecida, mas, como os ângulos nos cantos do hexágono têm 120°, a árvore de Steiner transforma-se numa série de arestas do hexágono. Na verdade, consiste de três arestas consecutivas, ligando quatro cantos adjacentes entre si. Logo, o segundo componente da cerca é a linha mais curta que une o quinto canto ao invólucro convexo dos quatro primeiros. E o terceiro componente é a linha mais curta unindo o sexto canto ao invólucro convexo dos três primeiros.

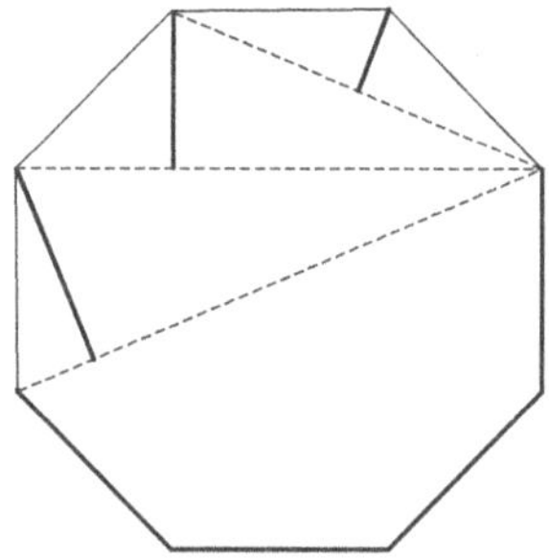

Figura 6. Suposta cerca opaca mais curta para um polígono regular com número par de lados.

Ainda não foi *provado* que esta cerca é ótima, mas a construção se estende para dar uma suposta cerca mínima para qualquer polígono regular com um número par de lados (Figura 6). Divida o polígono em dois por um diâmetro que una dois cantos opostos. O primeiro componente da cerca é formado por todas as arestas que se encontram em uma das metades, formando o análogo poligonal de um semicírculo. O segundo componente é a linha mais curta que une o próximo canto ao invólucro convexo do primeiro componente, o terceiro componente é a linha mais curta que liga o próximo canto ao invólucro convexo dos dois primeiros componentes, e assim por diante.

Um polígono com grande número de lados é muito próximo de um círculo, e podemos perguntar qual é a cerca mais curta que torna um círculo opaco. Por escolha, podemos supor que o círculo tem uma unidade de raio. A cerca mais simples que vem à mente é a circunferência do círculo, de comprimento $2\pi = 6{,}283$ (Figura 7a). No entanto, se a cerca puder se situar *fora* do terreno, podemos fazer melhor. Remova metade da circunferência, deixando um semicírculo de comprimento π, e estenda-a adicionando duas linhas de comprimento 1, que sejam tangentes ao círculo, nas extremidades do semicírculo, formando um U (Figura 7b). Esta é uma cerca opaca para o círculo, e seu comprimento é $\pi + 2 = 5{,}142$.

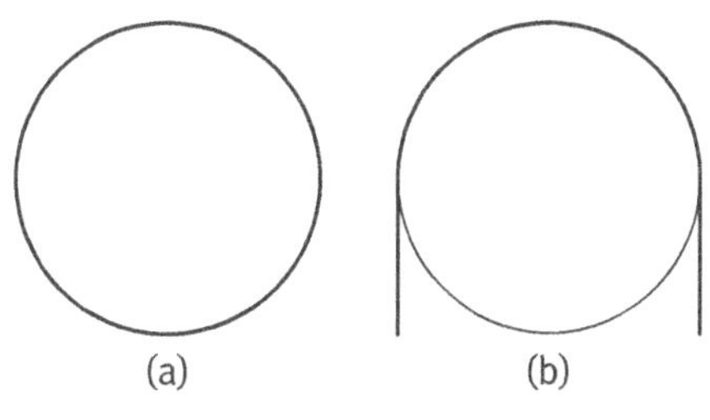

Figura 7. Cercas opacas para o círculo. (a) O próprio círculo, comprimento 2π para um círculo de raio 1. (b) Uma cerca mais curta, comprimento $\pi + 2$.

Pode ser provado que a Figura 7b é a menor cerca possível se insistirmos em que a cerca seja uma única curva — sem pontos de ramificação e formando uma linha única. Há outra maneira de expressar sua propriedade de "opacidade".* Suponha que saibamos que uma linha telefônica ou cano reto passa à distância 1 de certo ponto específico: qual é a trincheira mais curta que podemos cavar com a garantia de encontrá-lo? Sabemos que o cano deve cortar o círculo de raio 1 centrado nesse ponto, e deve,

* Ver *Mania de matemática*, cap.6 (Zahar, 2005).

portanto, atingir qualquer cerca opaca para esse círculo. Devemos, por conseguinte, cavar uma trincheira com o formato de uma cerca opaca.

Considerando a versão trincheira do enigma, é natural permitir que a trincheira saia fora do círculo — mas cercas são normalmente construídas no terreno do dono, não no do vizinho. Kawohl mostra que a menor cerca opaca situada inteiramente dentro do círculo de raio 1 tampouco tem comprimento maior que $\pi + 2$. Ele faz isto considerando a suposta cerca para um polígono de lados iguais com grande número de lados, aproximando-se estreitamente do círculo de uma unidade. Um cálculo trigonométrico prova que o comprimento de uma cerca como a mostrada na Figura 6, mas com um polígono com maior número de lados, é então muito próximo de $\pi + 2$. Podemos tornar a diferença tão pequena quanto quisermos, tomando um número suficientemente grande de lados.

Há muita coisa aqui para o amador pesquisar. As supostas cercas são realmente as menores possíveis, ou há uma maneira de encurtá-las ainda mais? É possível provar alguma coisa sobre as supostas soluções? O que dizer sobre outras formas — polígonos arbitrários (convexos ou não), elipses, semicírculos... E quanto ao mesmo problema em três dimensões: o cubo e a esfera opaca? Nesse caso, o objetivo é minimizar a área total da cerca.

FEEDBACK

Martin Gardner levantou os problemas do cubo e da esfera opaca em 1990, e Kenneth A. Brakke, da Universidade Susquehanna, os abordou em 1992 (ver Leituras adicionais e Website). A melhor solução de Brakke para um cubo de uma unidade tem uma área de 4,2324.

WEBSITE

Cubo opaco

http://www.susqu.edu/brakke/opaque/default.html

- 3 -
O segredo das conexões vencedoras

Alguns jogos matemáticos são verdadeiramente matemáticos, e não há exemplo melhor que Hex. Tudo que você tem de fazer é colocar suas fichas num tabuleiro em forma de colmeia e ligar duas arestas opostas. Fácil? Há um livro inteiro dedicado a isso.

O que é que um poeta-matemático dinamarquês e um prêmio Nobel têm em comum? Nada mais, nada menos que um dos melhores jogos matemáticos de tabuleiro já inventados. Hoje em dia, ele é chamado em geral de Hex, mas suas primeiras encarnações tiveram uma variedade de nomes. *Hex Strategy*, o livro de Cameron Browne, faz uma análise abrangente de Hex e de como vencê-lo. O jogo vicia pelo menos tanto quanto jogos de computador de primeira linha, e proporciona ao cérebro um exercício muito mais estimulante.

Hex é um jogo para dois jogadores, disputado num tabuleiro feito de células hexagonais, organizadas na forma de um losango (Figura 8). O tabuleiro usual é de 11 × 11, mas outros tamanhos proporcionam jogos perfeitamente viáveis. Cada jogador "possui" duas arestas opostas do tabuleiro; as quatro células do canto são propriedade comum. Um jogador tem um estoque de fichas pretas, o outro, um estoque de fichas brancas — as pedras do jogo de tabuleiro oriental Go são ideais.

As regras são surpreendentemente simples. Os jogadores se revezam para colocar uma de suas fichas numa célula desocupada do tabuleiro — decide-se quem começa tirando cara ou coroa ou por qualquer outro método mutuamente aceito. Um jogador vence ao construir uma cadeia conectada de fichas, unindo as duas arestas que possui. A cadeia pode ter fichas adicionais, ramificações laterais ou voltas, e não precisa estar conectada a outras peças daquela cor. A única coisa que importa é que uma série de fichas forme um caminho conectado de uma aresta à aresta oposta. Parece simples, mas essa simplicidade é enganosa. Hex é um jogo de profunda sutileza.

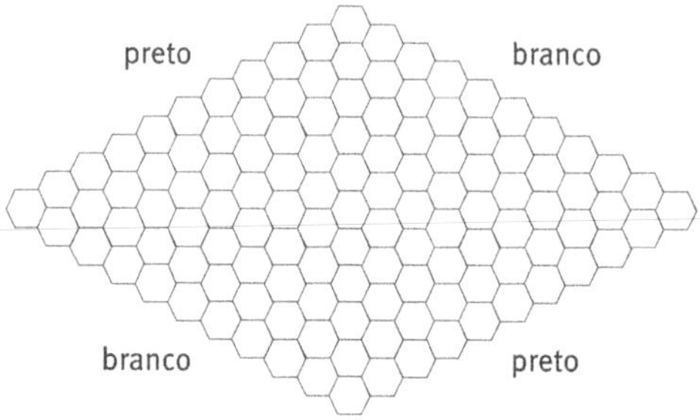

Figura 8. O tabuleiro de Hex.

Hex foi inventado pela primeira vez por Piet Hein, um matemático dinamarquês que também é famoso por sua poesia curta (conhecida como "*grooks*") e muitas outras ideias fora do comum. O jogo, que ele chamou de Polygon, viu a luz pela primeira vez no jornal dinamarquês *Politiken*, em 26 de dezembro de 1942. O matemático John Nash o reinventou de maneira independente em 1948, quando cursava a pós-graduação em Princeton. Em 1969, Nash ganhou o prêmio Nobel em economia, mais precisamente o prêmio Sveriges Riksbank em Ciências Econômicas em Memória de Alfred Nobel. Sua ideia vencedora foi o conceito de "equilíbrio de Nash" na teoria dos jogos, e sua vida foi o tema da brilhante biografia *Uma mente brilhante*. Em 2001 ela foi transformada em filme, com Russell Crowe no papel de Nash, premiado com quatro Oscars. Em Princeton, o jogo era conhecido como Nash, ou, por vezes, John — porque frequentemente era jogado em ladrilhos hexagonais de banheiro.*

Em meados dos anos 1950, Martin Gardner escreveu sobre o Hex em sua coluna "Mathematical Games", e o artigo foi reproduzido em *Mathematical Puzzles and Diversions from Scientific American*. Da noite

* Nos Estados Unidos, banheiros são coloquialmente chamados de "John".

para o dia, o jogo se tornou uma febre em praticamente todos os departamentos de matemática do mundo. Por exemplo, em 1968, quando cheguei à Universidade de Warwick como aluno de pós-graduação, um grupo nosso lançou uma revista chamada *Manifold*. O primeiro número tinha um tabuleiro de Hex desenhado na capa e na quarta capa (metade em cada uma) e um artigo sobre o jogo entre elas. Mas, como faz mais de quarenta anos que Gardner descreveu o Hex para os leitores da *Scientific American*, acho que é tempo de apresentá-lo a uma nova geração.

Um pouco de análise matemática simples ilumina o jogo. Como as peças nunca são removidas, o número de jogadas é finito — no máximo 121 para o tabuleiro de 11 × 11. Uma cadeia conectada de aresta a aresta para um jogador bloqueia necessariamente qualquer cadeia conectada de aresta a aresta para o outro, o que torna intuitivo (mas não passível de uma prova muito simples) que, no final das contas, um jogador ou outro deverá vencer. A ideia básica é que preto só poderá ser impedido de formar uma cadeia vencedora se branco criar ele mesmo tal cadeia primeiro.

É um desafio interessante provar o fato "óbvio" de que, se o tabuleiro estiver cheio de pedras pretas e brancas, uma cor deve conectar duas arestas opostas. Está claro que ambas as cores não podem fazer isso ao mesmo tempo, já que as cadeias envolvidas têm de se cruzar. Também é plausível que se, digamos, pedras pretas não conectarem lados opostos, isso deve acontecer porque uma cadeia de pedras brancas está interrompendo o caminho. No entanto, uma prova completa é muito menos óbvia. Suponha, para fins de argumentação, que as pedras pretas não incluam uma cadeia que ligue as duas arestas pretas. Considere um "componente" das regiões pretas — todas as pedras pretas conectadas (por outras pedras pretas) a uma aresta preta. Agora olhe para o "limite" dessa região — todas as pedras brancas imediatamente adjacentes. Claramente, esse conjunto de pedras brancas deve conectar as duas arestas brancas... Mas por quê?

Alternativamente, podemos provar que um jogador deve ter uma estratégia vencedora. Nesse caso, a afirmação acima se confirma facilmente. De fato, pode ser provado que, jogando de maneira adequada, o *primeiro* jogador deveria ganhar sempre. A prova, encontrada por Nash, usa uma técnica geral chamada "furto de estratégia". Suponha, para fins de argumentação, que o branco jogue primeiro, e há uma estratégia que assegura uma vitória para o segundo jogador, preto. Nesse caso, o branco pode empregar uma capacidade mental ilimitada para descobrir qual é a estratégia. Depois, pode usar essa pretensa estratégia para a vitória do segundo jogador para vencê-lo, da seguinte maneira: o branco faz uma jogada qualquer e logo a esquece. Ele finge agora que o preto está começando o jogo, e que ele é o segundo a jogar, não o primeiro. Qualquer que seja a jogada do preto, o branco dá a resposta correta, de acordo com a estratégia do segundo jogador. Há uma pequena modificação, contudo. Por vezes, essa estratégia exigirá que ele coloque uma ficha na posição já ocupada por sua primeira jogada "esquecida". Nesse caso, não há problema: a célula desejada já está ocupada por uma ficha branca, de modo que a estratégia já está sendo cumprida. Então, ele faz uma nova jogada, levando uma ficha a qualquer célula desocupada, e essa se torna a nova jogada "esquecida".

Continuando assim, o branco pode forçar uma vitória. Mas agora nos vemos numa situação curiosa: ao furtar a pretensa estratégia para vencer do segundo jogador dessa maneira, o branco jogou primeiro — e venceu, não importa que jogadas o preto faça. A única maneira de sair desse impasse lógico é admitir que nunca houve uma estratégia para o segundo jogador vencer. Como esse jogo é finito e um jogador *tem* de acabar vencendo, isso implica que deve existir alguma estratégia para a vitória do primeiro jogador.

Observe que o segundo jogador não pode furtar a estratégia para vencer do primeiro. Além disso, meta na sua cabeça que o furto de estratégia *não* funciona para jogos como o xadrez, no qual os movimentos necessários mais tarde na estratégia podem ser inacessíveis no começo. Se você for capaz de fazer estas duas coisas, compreenderá a prova.

À primeira vista, este resultado torna o jogo sem graça, porque ambos os jogadores sabem quem deve vencer se fizerem o jogo perfeito. No entanto, uma questão semelhante surge em muitos outros jogos. O exemplo mais impressionante é o jogo de damas, que hoje sabemos que dará empate se ambos os lados jogarem perfeitamente. A prova, descoberta com auxílio do computador, organizada e orquestrada por Jonathan Schaeffer, levou dezoito anos; o principal problema é o número gigantesco de posições e linhas potenciais de jogo. No entanto, adultos racionais não perdem o gosto pelo jogo de damas, já que a estratégia perfeita é tão complexa que a mente humana não é capaz de implementá-la sem ajuda. A prova de que o primeiro jogador deveria sempre vencer um jogo de Hex é ainda mais elusiva; trata-se *apenas* de uma prova de existência, de modo que não nos apresenta uma estratégia vencedora explícita, por mais complicada que seja. Na verdade, o maior tabuleiro para o qual uma estratégia vencedora é realmente conhecida é 9 × 9, uma descoberta feita por Jing Yang, da Universidade de Manitoba (ver Websites). Assim, mesmo num tabuleiro de 10 × 10, o primeiro jogador sabe que, em princípio, deve vencer, mas não tem a menor ideia do que fazer para assegurar isso. E se isso ainda não parecer justo para o segundo jogador, muitas pessoas admitem uma regra opcional: o segundo jogador pode escolher trocar a peça de abertura por uma dele próprio, depois que ela foi jogada, em vez de jogar numa nova célula.

Uma discussão completa da sutileza de Hex ocuparia, como de fato ocupa, um livro inteiro. Diante disso, tratarei de apenas duas características, para dar uma ideia da sutileza do jogo. A primeira, que fica clara rapidamente para qualquer pessoa que experimente o jogo, é que células não precisam ser *ocupadas* para desempenhar um papel estratégico. A Figura 9a mostra uma *ponte*, em que duas células não adjacentes (aqui ocupadas por fichas pretas) partilham duas células que tocam ambas. Enquanto estas duas últimas células permanecerem desocupadas pelo branco, as duas primeiras já estão unidas de fato — pois, assim que fichas brancas ocuparem uma das células intermediárias, o preto pode ocupar a outra. No primeiro nível do jogo acima da categoria inexperiente, os jogadores tentam, em geral, construir cadeias de pontes na esperança de que o adversário não perceba. Uma ponte, porém, não é de maneira alguma invencível. Uma ponte preta pode ser derrotada se o branco conseguir ocupar uma das células intermediárias, ao mesmo tempo em que ameaça uma jogada vencedora em outro lugar. Ainda assim, como isso não costuma ser nada fácil, é melhor impedir que seu adversário construa pontes demais.

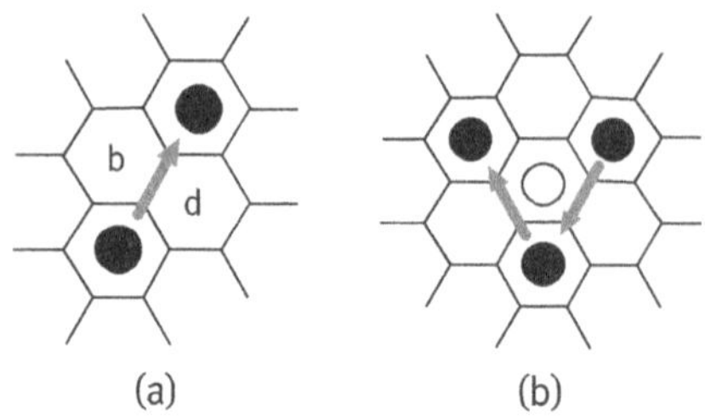

Figura 9. (a) Uma ponte. (b) Pontes superpostas não funcionam.

Um princípio geral útil é que toda a posição de um jogador só é tão forte quanto seu elo mais fraco. Se seu adversário puder atacar alguma parte de sua cadeia incipiente com boas esperanças de sucesso, você deveria tentar fortalecer seu próprio elo mais fraco, ou atacar o dele. Contudo, não deveria fazer isso automaticamente em todas as ocasiões, porque seu adversário pode perceber e preparar uma armadilha sutil.

Outro princípio útil é avançar sorrateiramente sobre as fraquezas do adversário, mantendo alguma distância. Em vez de jogar uma ficha exatamente no meio do elo fraco dele, por exemplo, você pode mapear mentalmente uma cadeia de pontes e jogar em algum lugar ao longo dessa cadeia. Aliás, não cometa o erro de formar uma cadeia de pontes no lugar em que as células intermediárias de duas pontes se superpõem (Figura 9b), porque ao jogar na superposição, o adversário ataca duas pontes ao mesmo tempo. Você pode defender uma — mas não as duas.

Vários níveis de jogo acima das pontes, encontramos as escadas, que proporcionam oportunidades e problemas mais sutis. Uma escada surge quando um jogador tenta formar uma conexão para uma aresta, mas é empurrado a uma distância fixa pelo adversário, de modo que ambos os jogadores começam a formar longas cadeias *forçadas* de fichas paralelas uma à outra. A Figura 10a mostra o começo de uma escada, na vez do preto. O preto não tem opção, a não ser jogar na célula *p*, de outro modo o branco pode forçar uma vitória. Mas, pela mesma razão, agora o branco tem de jogar em *q*. Se o preto continuar tentando forçar uma conexão para a mesma aresta (e, por várias jogadas, deve fazer isso ou perder), o branco será forçado a continuar bloqueando, e uma longa sequência de fichas brancas começa a se estender ao longo da aresta, com uma cadeia preta junto a ela. O que o preto não percebeu, no entanto, é que, se esse processo continuar, o branco vencerá

(Figura 10b). É importante prever a ocorrência de escadas, e bloquear as do adversário antes que comecem. Se o preto tivesse uma ficha extra (Figura 10c) perto da aresta branca, venceria o fogo cruzado entre as escadas.

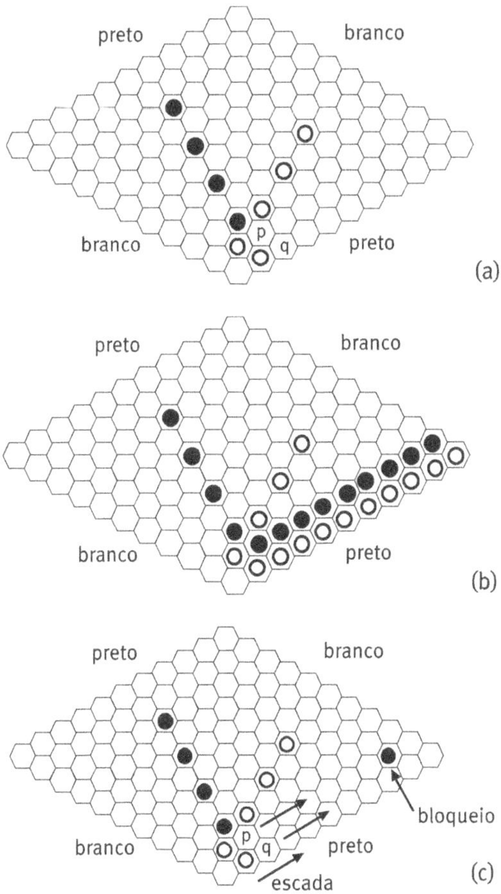

Figura 10. (a) Começo de uma escada. (b) Para onde ela leva. (c) Bloqueio de uma escada.

Hex Strategy analisa estas questões, e muitas outras, em considerável profundidade. Discute também grande número de variações em torno do jogo Hex básico. Por exemplo, o jogo do Y é jogado num tabuleiro triangular (Figura 11) e um jogador vence formando uma cadeia que toca em todas as três arestas. A prova do furto de estratégia funciona aqui, por sinal, de modo que o primeiro jogador deve ter uma estratégia vencedora. Mais uma vez, porém, não se conhece nenhuma estratégia vencedora explícita para o primeiro jogador, exceto em tabuleiros muito pequenos. Hex pode ser jogado num mapa dos Estados Unidos, com os estados fazendo as vezes de células, e norte-sul ou leste-oeste como as arestas a serem conectadas. Neste caso, o primeiro jogador pode forçar uma vitória jogando na Califórnia — talvez você se divirta tentando descobrir como o jogo se desdobra a partir daí. Hex também pode ser jogado numa esfera, ladrilhada com hexágonos e pentágonos. Como não há arestas, o primeiro jogador a circundar pelo menos uma célula (desocupada ou ocupada pelo adversário) vence.

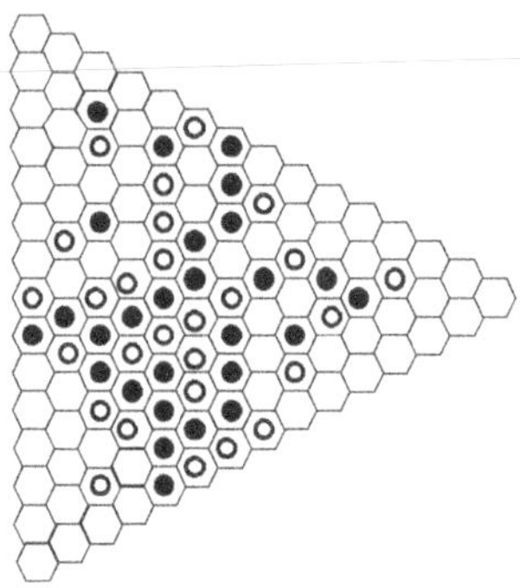

Figura 11. Tabuleiro do jogo do Y.

WEBSITES

Geral

http://en.wikipedia.org/wiki/Hex_(board_game)

http://www.swarthmore.edu/NatSci/math_stat/webspot/Campbell,Garikai/Hex/index.html

Estratégias para os tabuleiros 7 × 7, 8 × 8 e 9 × 9

http://www.ee.umanitoba.ca/~jingyang/

Jogada perfeita em damas e outros jogos

http://en.wikipedia.org/wiki/Perfect_play#Perfect_play

– 4 –
Campeões de salto

Números primos continuam a intrigar os matemáticos do mundo. A lacuna mais comum entre números primos sucessivos parece ser 6, e isso é certamente verdade até cerca de um trilhão. Dada a vasta quantidade de evidências "experimentais", temos razões para concluir que 6 é *sempre* a lacuna mais comum, por maiores que os números se tornem?

A matemática é cheia de surpresas. Quem teria imaginado, por exemplo, que algo tão simples como os números naturais 1, 2, 3, 4... poderia, com um mínimo esforço, dar origem a algo tão desconcertante quanto os números primos 2, 3, 5, 7, 11...? O padrão dos números naturais é simples e óbvio: não importa qual deles tomemos, é fácil descobrir qual é o próximo. Não se pode dizer isto para os primos, embora haja uma simples distinção entre números naturais e primos: basta tomar aqueles que não têm divisores próprios.

Sabemos muito sobre os números primos, inclusive algumas fórmulas aproximadas poderosas que fornecem boas estimativas, mesmo quando respostas exatas não são acessíveis. Por exemplo, o teorema do número primo, provado em 1896 por Jacques Hadamard e (independentemente) por Charles-Jean de la Vallée Poussin, afirma que o número de primos menor que x é aproximadamente $\frac{x}{\log x}$, onde log denota o logaritmo natural (base e). Assim, por exemplo, sabemos que há aproximadamente $4{,}3 \times 10^{97}$ primos com menos de 100 dígitos — mas o número total exato é um mistério.

Há muitas outras coisas que não sabemos sobre primos. Uma década atrás, Andrew Odlyzko (AT&T), Michael Rubinstein (Universidade do

Texas) e Marek Wolf (Breslau) voltaram sua atenção para as lacunas entre primos sucessivos. O problema que discutiram é: até certo limite x, qual é a lacuna mais comum entre primos sucessivos? Harry L. Nelson tinha levantado essa questão no *Journal of Recreational Mathematics*. Mais tarde, John Horton Conway (Universidade Princeton) chamou os números associados de *campeões de salto* (*jumping champions*).

Os números primos até 50 são 2, 3, 5, 7, 11, 13, 17, 19, 23, 29, 31, 37, 41, 43 e 47. A sequência de lacunas — as diferenças entre cada primo e o seguinte — é 1, 2, 2, 4, 2, 4, 2, 4, 6, 2, 6, 4, 2 e 4. O número 1 aparece uma vez (e apenas uma, pois todos os primos, exceto 2, são ímpares) e os outros números são pares. Aqui a lacuna 2 ocorre seis vezes, a lacuna 4 ocorre quatro vezes e a lacuna 6 ocorre duas vezes. Portanto, quando $x = 50$, a lacuna mais comum é 2, e esse número é um campeão de salto.

Às vezes, várias lacunas são igualmente comuns. Por exemplo, quando $x = 5$, as lacunas são 1 e 2 e ocorrem uma vez cada uma. Depois disso, o único campeão de salto é 2 até chegarmos a $x = 101$, quando 2 e 4 empatam. A seguir, o campeão de salto é ou 2, 4 ou ambos até $x = 179$, quando 2, 4 e 6 estão envolvidos num empate tríplice. Nesse ponto, a disputa entre 4 e 6 vai enfraquecendo, e 2 reina supremo até $x = 379$, quando empata com 6. A partir de $x = 389$, o campeão de salto é sobretudo 6, ocasionalmente empatado com 2 e/ou 4, mas, na faixa $x = 491$ a 541, o campeão de salto volta a ser 4. De $x = 947$ em diante, o único campeão de salto é 6, e uma busca por computador mostra que isso prossegue até pelo menos $x = 10^{12}$.

Parece razoável concluir que, fora uma competição inicial entre 1, 2 e 4, o único campeão de salto a longo prazo é 6. As evidências de computador a favor disso parecem fortes. A revista hoje extinta *Experimental Mathematics* dedicava-se com exclusividade a problemas desse tipo, e era praticamente única entre as revistas de matemática, já que existia para que pesquisadores publicassem conjecturas não comprovadas obtidas com a ajuda de cálculos de computador. Isso não representa um enfraquecimento da exigência matemática da prova, porque os artigos declaram claramente que faltam provas. Em vez disso, o objetivo da revista era sugerir problemas interessantes para os matemáticos resolverem com o rigor lógico usual.

Todos os teóricos dos números sabem que há evidências e *evidências*. Um padrão que persiste até por volta de um trilhão pode certamente mudar quando os números ficam maiores. Com certeza este problema pode ser um desses casos, pois Odlyzko e colegas apresentam um argumento convincente de que, em algum lugar nas proximidades de $x = 1{,}7427 \times 10^{35}$, o campeão de salto muda de 6 para 30. Também sugerem que ele volta a mudar, para 210, perto de $x = 10^{425}$. Eles amparam essas sugestões em uma análise teórica não rigorosa, porém minuciosa, e em alguns experimentos numéricos cuidadosamente escolhidos.

Exceto para 4, os supostos campeões de salto se encaixam em um elegante padrão. Isto se torna óbvio se os fatoramos em primos:

$$2 = 2$$
$$6 = 2 \times 3$$
$$30 = 2 \times 3 \times 5$$
$$210 = 2 \times 3 \times 5 \times 7.$$

Cada número é obtido mediante a multiplicação de sucessivos primos uns pelos outros, até certo limite. Esses números são chamados de *primoriais* (como fatoriais, mas usando primos), e os imediatamente seguintes são

$$2.310 = 2 \times 3 \times 5 \times 7 \times 11$$
$$30.030 = 2 \times 3 \times 5 \times 7 \times 11 \times 13$$
$$510.510 = 2 \times 3 \times 5 \times 7 \times 11 \times 13 \times 17$$
$$11.741.730 = 2 \times 3 \times 5 \times 7 \times 11 \times 13 \times 17 \times 23.$$

A principal conclusão de Odlyzko e colegas é a conjectura do campeão de salto: os campeões de salto são precisamente os primoriais, juntamente com 4. A base para esta sugestão é outra conjectura, conhecida como conjectura *k*-upla, de Hardy-Littlewood. Ela foi formulada por Godfrey Harold Hardy e John Edensor Littlewood em 1922, e diz respeito a padrões nas lacunas entre os primos.

Qualquer pessoa que olhe para uma sequência de primos percebe que ocasionalmente dois números ímpares consecutivos são primos: 5 e

7, 11 e 13, 17 e 19. A conjectura dos primos gêmeos declara que há uma infinidade desses pares. Eles podem certamente ficar muito grandes — os maiores que se conhecem, descobertos em setembro de 2009, são

$$65.516.468.355 \times 2^{333.333} - 1 \qquad 65.516.468.355 \times 2^{333.333} + 1,$$

com 100.355 dígitos cada um. (Com uma observação: prove que primos gêmeos sempre têm o mesmo número de dígitos decimais. Se isso parece óbvio, cá está um segundo desafio: se "decimal" for substituído por "base n", para que valores de n a afirmação análoga é *falsa*?) Além disso, há um cálculo probabilístico que sugere fortemente que a conjectura está correta. Ele se baseia na ideia de que os primos ocorrem "ao acaso" entre números ímpares, com uma probabilidade baseada no teorema do número primo. É claro que isto é um absurdo — um número é primo ou não, não há uma probabilidade envolvida —, mas é um absurdo plausível para esse tipo de problema. Segundo o cálculo, a probabilidade de que a lista de primos gêmeos seja finita é zero.

O que dizer sobre a possibilidade de três números ímpares sucessivos serem primos? Há um exemplo: 3, 5 e 7. Este é o *único* exemplo, porque dados quaisquer três números ímpares consecutivos um deles é múltiplo de 3 (portanto não é primo, a menos que venha a ser igual a 3, que é pois um exemplo singular). No entanto, os padrões p, $p + 2$, $p + 6$ e p, $p + 4$, $p + 6$ não podem ser excluídos por esses argumentos, e eles parecem ser bastante comuns. Por exemplo, o primeiro padrão ocorre para 11, 13 e 17 e novamente para 41, 43 e 47; mais adiante encontramos 881, 883 e 887. Talvez lhe agrade descobrir por que o padrão de dígitos finais deve sempre ser 1, 3 e 7. O segundo padrão ocorre para 7, 11 e 13, novamente para 37, 41 e 43, e de novo para 877, 881 e 883. Desta vez, o padrão de dígitos finais é 7, 1 e 3.

Hardy e Littlewood pensaram sobre padrões deste tipo para qualquer quantidade de primos, e realizaram o mesmo tipo de cálculo probabilístico que acabo de descrever para os primos gêmeos. Eles deduziram uma fórmula precisa para o número de sequências de primos k com um padrão específico de lacunas, todas menores que certo limite x. A fórmula tem uma descrição complicada, por isso não a apresentarei aqui: veja o artigo de Odlyzko e colegas, e referências dadas ali.

A análise que leva à conjectura dos campeões de salto começa com a fórmula de Hardy-Littlewood e extrai dela uma fórmula para o número $N(x,d)$ de lacunas entre primos consecutivos de um dado tamanho $2d$, até um limite x. Usamos $2d$ porque as lacunas têm de ser pares, exceto aquela entre 2 e 3. Só se espera que a fórmula seja válida quando $2d$ é grande e x é muito maior. A Figura 12 mostra gráficos do log $N(x,d)$ contra $2d$ para $x = 2^{20}, 2^{22}, \ldots, 2^{44}$. Cada gráfico é quase uma linha reta, mas com ondulações. Uma ondulação mais acentuada ocorre em $2d$ = 210, o campeão de salto conjectural seguinte após 6. (Ela pareceria mais proeminente, mas o logaritmo a achata.) Esse tipo de informação sugere que a fórmula não é demasiado incorreta.

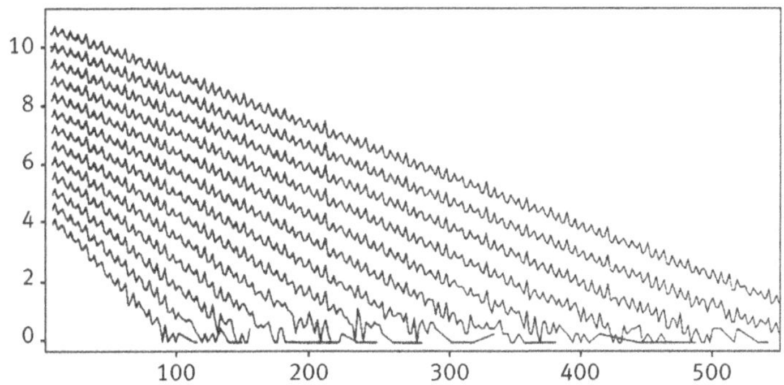

Figura 12. Gráfico do logaritmo do número de ocorrências de uma lacuna de tamanho $2d$ (coordenada vertical) contra $2d$ (coordenada horizontal) para primos até vários limites x. Estes variam de $x = 2^{20}$ (esquerda inferior) até $x = 2^{44}$ (direita superior).

Pois bem, para que $2d$ seja um campeão de salto, o valor dessa fórmula tem de ser bastante alto — pelo menos metade do número de primos menores que x. A forma precisa da fórmula (que, mais uma vez, não apresentarei) mostra que a melhor maneira de conseguir isso é se $2d$ tiver uma grande quantidade de fatores primos distintos. Ela diz também que $2d$ deveria ser tão pequeno quanto possível, sujeito a essa condição, de modo que as escolhas mais plausíveis para $2d$ são os primoriais. (O conhecido campeão de salto 4 é presumivelmente uma exceção, ocorrendo, de todo modo, em tamanhos em que a fórmula não é uma boa aproximação.)

A fórmula conjectural também nos permite descobrir aproximadamente quando um dado primorial assume o controle do anterior como o novo campeão de salto. Suponha que os dois primoriais sejam $A = 2 \times 3 \times \ldots \times p$ e $B = 2 \times 3 \times \ldots \times p \times q$, sendo p e q primos sucessivos. Nesse caso, o segundo assume o controle sobre o primeiro aproximadamente quando $x = e^{A(q-1)(q-2)}$, onde e = 2,718... é a base de logaritmos naturais. É daí que vêm os valores esperados de x para 30 e 210 se tornarem campeões de salto. Por causa do exponencial, esses valores de x tornam-se rapidamente gigantescos.

O que resta fazer aqui? Provar a conjectura dos campeões de salto, é claro — ou refutá-la, se estiver errada. Se não puder fazer isso, tente algo mais simples, como provar que existe um número infinito de campeões de salto distintos. Em 1980, Paul Erdös e E.G. Straus provaram exatamente isso, mas apenas admitindo uma versão quantitativa da conjectura da *k*-upla de Hardy-Littlewood. É uma pena que provar até mesmo a conjectura dos primos gêmeos pareça incrivelmente difícil, e a conjectura da *k*-upla de Hardy-Littlewood completa é quase com certeza pior. Mais promissor para matemáticos recreativos é procurar outras propriedades interessantes das lacunas entre números primos. Por exemplo, qual é a lacuna comum *mínima* (que realmente ocorre) entre primos consecutivos menores que um limite x? Que lacuna ocorre mais perto do número médio de vezes — a lacuna mais comum? Ao que eu saiba, estas questões estão inteiramente em aberto, mesmo para valores relativamente pequenos de x.

RESPOSTA

Por que primos gêmeos têm sempre o mesmo número de dígitos em notação decimal? Pode parecer óbvio, mas a prova revela uma brecha potencial, que pode ocorrer em outras bases numéricas. Suponhamos que os primos em questão são p e $p + 2$. Em notação decimal, é possível para $p + 2$ ter mais dígitos que p. No entanto, isso só acontece quando $p = 999\ldots98$ ou $999\ldots99$. No primeiro caso, p é par (e pelo menos 8), portanto não pode ser primo. No segundo caso, p é um múltiplo de 9, portanto não pode ser primo.

O passo final para essa prova usa propriedades especiais do número 10. Em outras bases, as coisas funcionam de maneira diferente. Na notação de base n, p deve ser da forma $n^k - 2$ ou $n^k - 1$, para um expoente k. Isto é, n^k deve ser $p + 2$ ou $p + 1$, para o menor p gêmeo de um primo gêmeo. Isso pode acontecer: por exemplo, quando $p = 3$, então n^k pode ser 4 ou 5. Os primos gêmeos 3 e 5 (decimais) são 3 e 11 (base 4), que têm quantidades diferentes de dígitos. Na base 5, os mesmos primos gêmeos são 3 e 10, novamente com quantidades diferentes de dígitos.

Com mais esforço, podemos levar a análise adiante. Se $n^k = p + 2$, então n^k é primo, portanto $k = 1$ e n é primo (igual a $p + 2$). Se $n^k = p + 1$, então $p = n^k - 1 = (n - 1)(n^{k-1} + n^{k-2} + \ldots + 1)$. Como p é primo, ou $k = 1$ ou $n = 2$. Se $k = 1$, então $n = p + 1$ para o menor gêmeo p de um primo gêmeo. Se $n = 2$ e $k > 1$, então $2^k - 1$ e $2^k + 1$ devem ambos ser primos. O único caso em que isso pode ocorrer é $2^2 - 1 = 3$ e $2^2 + 1 = 5$. (Se $2^k - 1$ for um primo — um chamado primo de Mersenne —, então é bem sabido e fácil de provar que k deve ser ele próprio primo. Se $2^k + 1$ for primo — um chamado primo de Fermat —, então é bem sabido e fácil de provar que k deve ser uma potência de 2. A única potência de 2 que é um número primo é 2.)

Em suma: p e $p + 2$ são primos gêmeos com diferentes quantidades de dígitos para base n se, e somente se $n = p + 1$ ou $p + 2$, onde p é o menor primo gêmeo, ou $n = 2$ e $p = 3$.

FEEDBACK

Como "Campeões de salto" foi quase minha última coluna, não houve nenhum feedback que eu possa discutir. Então, vou trapacear e falar sobre uma descoberta realmente assombrosa, um dos poucos casos em que os primos não deixam mais os matemáticos perplexos. Trata-se do teorema de Green-Tao, provado em 2005 por Ben Green e Terence Tao. Ele diz respeito a padrões de primos similares ao exemplo $p, p + 2, p + 6$, descrito algumas páginas atrás, mas significativamente diferente dele. O principal resultado pode ser facilmente expresso: para qualquer número inteiro k, existe um número infinitamente grande de progressões aritméticas de primos com k termos.

Uma progressão aritmética é uma sequência de números em que cada um excede o anterior pela mesma quantidade fixa. Simbolicamente, essa sequência tem o aspecto

$$a, a + d, a + 2d, a + 3d, \dots a + (k - 1)d$$

se tiver k termos. Aqui, d é a diferença comum e a é o primeiro termo. No teorema de Green-Tao, d não é especificado de antemão, mas construído durante o curso da prova. Durante muitos anos, os matemáticos — com frequência amadores — buscaram longas progressões aritméticas de primos. Para três termos, há a progressão óbvia 3, 5, 7, em que $d = 2$. Uma elegante progressão de sete termos é

$$7 \quad 157 \quad 307 \quad 457 \quad 607 \quad 757 \quad 907,$$

sendo $d = 150$. Mas uma importante ajuda do computador é necessária para encontrar uma progressão de 25 termos. A mais longa conhecida atualmente (desde setembro de 2008) é

$$6.171.054.912.832.631 + 366.384 \times 23 \times d,$$

sendo $d = 0, 1, 2, \dots, 24$. Ela foi descoberta por Jaroslaw Wroblewski e Raanan Chermoni em 2008. Green e Tao chegaram a fornecer um limite superior para o tamanho que os primos precisam ter, em termos de k. Se escrevermos a^b para a^b, esse limite é

$$2\wedge 2\wedge 2\wedge 2\wedge 2\wedge 2\wedge 2\wedge 2\wedge 100k.$$

Em expressões como esta, a regra é aplicar sucessivas operações de potência ^ a partir da direita para a esquerda. Assim, primeiro elevamos 2 à potência 100k, depois acrescentamos 2 a essa potência, e assim por diante. O resultado é verdadeiramente gigantesco, e podemos supor que seja uma enorme superestimação, mas é tudo que conhecemos no momento, e é espantoso que Green e Tao tenham conseguido chegar a isso.

Aliás, toda progressão aritmética de primos deve ser finita — não podem prosseguir para sempre. Mas não há nenhum limite específico que se aplique a todas.

É relativamente fácil estender o teorema de Green-Tao a "progressões aritméticas generalizadas", em que a única diferença d é substituída por uma lista finita de diferenças, e todas as combinações são permitidas. Por exemplo, com duas diferenças d_1 e d_2, consideramos todos os números $a + k_1d_1 + k_2d_2$ com k_1 e k_2 indo de 0 a um limite superior. De fato, todos estes números podem ser vistos como parte de uma progressão aritmética mais longa, e apenas aplicamos o teorema de Green-Tao a ela.

O teorema tem inúmeras consequências, e vou mencionar apenas uma: a existência de quadrados mágicos arbitrariamente grandes, compostos inteiramente de primos (como é óbvio, estes não podem ser números inteiros consecutivos, e não são sequer *primos* consecutivos). Aqui está um exemplo 4 × 4:

37	83	97	41
53	61	71	73
89	67	59	43
79	47	31	101

Segundo o teorema, podemos fazer esse tipo de coisa (embora usando primos gigantescos) para, digamos, quadrados mágicos com um milhão ou um bilhão de tamanho — tão grandes quanto queiramos. Para mais informações, ver o artigo de Andrew Granville em "Sugestões de leitura".

WEBSITES

Gerais

http://en.wikipedia.org/wiki/Prime_number

http://mathworld.wolfram.com/PrimeNumber.html

http://primes.utm.edu/glossary/home.php

Lacunas

http://en.wikipedia.org/wiki/Prime_gap

Campeões de salto

http://primes.utm.edu/glossary/page.php?sort=JumpingChampion

Teorema de Green-Tao

http://en.wikipedia.org/wiki/Green-Tao_theorem

– 5 –
A marcha dos quadrúpedes

Os animais se movem numa variedade de padrões, chamados de marchas, e muitos deles são assimétricos. Começamos agora a compreender por quê. No fim das contas, tudo se reduz a padrões nas redes de células nervosas que controlam o movimento animal. Jane e Tarzan explicam.

A centipede was happy quite,
Until a frog in fun
Said, "Pray, which leg comes after which?"
This raised her mind to such a pitch,
She lay distracted in a ditch
*Considering how to run.**
Mrs. Edmund Craster

Tarzan saltou no ar, jogou as duas pernas para a frente diante de si ao mesmo tempo e caiu sentado pesadamente no chão. Ele havia repetido essa sequência de ações mais de vinte vezes desde que Jane começara a olhar e, pela expressão de seu rosto, isso era uma subestimação.

Não é que Tarzan não tenha *miolos*, pensou Jane. *Ele só precisa treinar o seu uso.* De fato, ela planejara em detalhes uma ambiciosa educação para ele, e Tarzan tinha passado semanas com o nariz enfiado em livros.

* Numa tradução livre e ligeiramente adaptada: "Uma centopeia estava muito alegre a passear/ Quando um sapo lhe perguntou, só para zombar:/'Perdão, depois de uma perna, que outra vai para o ar?'/ Isso a deixou de tal modo embaraçada/ Que a pobre despencou num buraco da estrada,/ A pensar, atrapalhada, como faria para andar." (N.T.)

Talvez esse fosse o problema. Jane agarrou um cipó e escorregou para o chão.

O homem-macaco levantou os olhos quando ela se aproximou. "Oh, oi Jane."

"O que é que você está aprontando aqui?"

"Oh — eu estava pondo à prova o princípio de Curie."

"Verdade?" Era uma desculpa nova.

"Isso mesmo. E ele não funciona."

Gentilmente, Jane pegou-o pela mão e levou-o para a sombra de uma árvore. "Vamos para um lugar fresco e tranquilo, e você poderá me contar toda essa história."

Levou algum tempo, mas o âmago da questão era relativamente simples. Num dos livros que Jane levara para a selva consigo como leitura leve, Tarzan topara com a afirmação de que o corpo humano possui simetria bilateral — parece quase igual quando refletido num espelho. Tarzan nunca tinha visto um espelho, mas vira a superfície de uma lagoa de águas paradas e, a partir das figuras no livro, esclareceu a questão. Em outro livro, encontrou um princípio fundamental proposto pelo grande físico Pierre Curie: que causas simétricas produzem efeitos igualmente simétricos.

"Então, eu achei", disse Tarzan, "que se eu, um macaco bilateralmente simétrico — desculpe, homem, sempre esqueço —, começo a andar, o princípio de Curie implica que meu andar deveria *também* ser bilateralmente simétrico. O que significa que ambas as pernas deveriam se mover para a frente juntas. Desde então, venho tentando, mas parece que não consigo chegar a lugar algum. A não ser cair de b..."

"Mas", interrompeu Jane, "você está fazendo tudo errado. Se quer uma marcha bilateralmente simétrica, deveria avançar aos *pulos*. Assim." Ela imitou um coelho, avançando aos pulinhos com os dois pés juntos, as mãos encolhidas como patas. Tarzan assistiu ao espetáculo fascinado. Por fim, juntou coragem suficiente para perguntar o que era marcha.

"É um padrão de movimento dos membros, usado para a locomoção", explicou Jane. "Os animais usam todo tipo de diferentes marchas para se deslocar. Andam, saltam, galopam... As gazelas chegam a ficar com as quatro patas no ar, movendo-as ao mesmo tempo."

"Saltar é ótimo", disse Tarzan, "mas isso só mostra que a marcha simétrica é possível. Na minha interpretação, o que o princípio de Curie diz é que *todas* as marchas humanas — na verdade, todas as marchas de todos os animais bilateralmente simétricos — devem ser bilateralmente simétricas." Ele andou de um lado para outro pela clareira, pensativo, parando de vez em quando para bater os punhos contra o peito, demonstrando sua frustração. "Mas a maioria delas não é."

Bilateralmente simétrico... Igual a seu reflexo num espelho, pensou Jane. Ela tentou imaginar que aspecto teria o andar de Tarzan num espelho (Figura 13). Pareceria um andar. Mas não seria *igual* a um andar.

"*Quase* é", disse ela. "Quando você vê o reflexo de um andar, ele ainda parece um andar." Ela parou, pensativa. "Tem de ser assim, realmente, senão seria esquisito ver o andar das pessoas refletido no espelho. Mas suponho que isto não seja conclusivo, porque as letras do alfabeto parecem *mesmo* esquisitas num espelho. Humm."

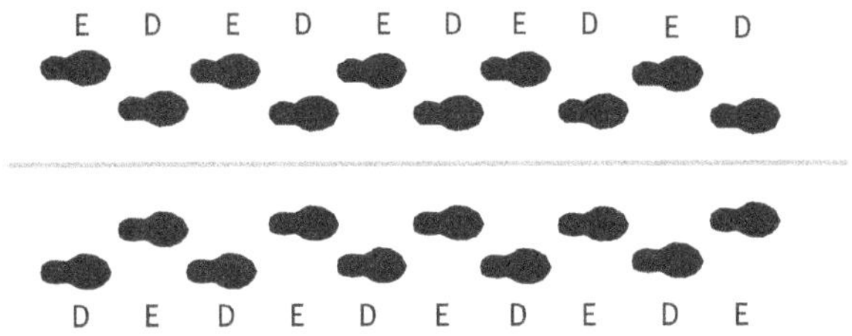

Figura 13. No andar humano, os pés esquerdo e direito batem no chão alternadamente. A imagem refletida num espelho (linha cinza) parece trocar os pés esquerdo e direito, o que é equivalente a um atraso temporal de meio período.

"A diferença", disse Tarzan, "é que, quando ponho meu pé *direito* para a frente, meu reflexo no espelho põe seu pé *esquerdo* — bem, o que me parece ser seu pé esquerdo, não sei qual é a opinião dele — para a frente. Ora, em meu passo seguinte, eu de fato ponho o pé esquerdo para a frente, mas, a essa altura, o meu reflexo está movendo seu pé direito. Estamos sempre fora do passo entre nós."

Havia ocasiões em que Tarzan parecia verdadeiramente brilhante. "Fora de *fase*, não fora do *passo*", disse Jane, alvoroçada. "É por isso que tudo parece certo no espelho. Se você demorar tempo suficiente para dar um passo, as posições relativas das pernas (embora não suas posições no chão) para o andar espelhado parecerão exatamente iguais ao que parecem no original."

"Fase?"

"O andar — como todas as marchas — é um movimento *periódico*. Ele se repete a intervalos regulares de tempo. Se você tem duas cópias do mesmo movimento periódico, mas um está atrasado no tempo em relação ao outro, a fração do período que representa o atraso é chamada de *fase relativa*. Sua perna esquerda está fora de fase com a direita por exatamente meio período, isto é uma fase relativa de 0,5.

"O que é muito interessante", continuou ela, "porque mostra que marchas têm simetrias tanto no espaço quanto no tempo. Afinal, uma simetria nada mais é que uma transformação que deixa o sistema parecendo, depois, o mesmo que era antes. A periodicidade é ela própria uma simetria de tempo: mude o tempo em um período, e tudo parecerá igual. Refletir esquerda/direita *e* mudar a fase em 0,5 é uma simetria espaçotemporal mista do andar humano. Não é fantástico?"

"Qual era a fase relativa quando você estava pulando? Era zero?" perguntou Tarzan, hesitante.

"Exatamente. As duas pernas moviam-se juntas, portanto não havia nenhuma diferença de fase. O mesmo pode ser dito de um canguru quando pula com os pés juntos." (Figura 14)

Figura 14. Oito instantâneos do pulo de um canguru. A simetria bilateral do animal é mantida o tempo todo.

"O que é um canguru?"

"Ah, perdão — não existe nenhum na África, eles vivem na Austrália e se movem pulando com as duas pernas."

O homem-macaco pulou em pé, executou uma curiosa dança de guerra e estatelou-se no chão. "Eu estava tentando obter uma fase relativa de 0,3", explicou.

"Não estou muito certa de que consegue", disse Jane.

"Claro que consigo! Basta fazer meu pé esquerdo ficar para trás do direito por 0,3 de um período!"

"Sem dúvida."

"Mas isso parece difícil."

"Talvez por não ser uma verdadeira simetria", disse Jane. "Veja só, para *tudo* parecer igual depois que você troca a perna esquerda e a direita e muda de fase por 0,3, não só sua perna esquerda deve estar fora de fase por 0,3 com a direita, mas a direita deve também estar fora de fase por 0,3 com a esquerda. Assim, a perna direita está fora de fase por 0,3 + 0,3 = 0,6 consigo mesma, o que é um disparate."

"E perigoso, também", disse Tarzan, esfregando as pernas pesarosamente.

"Ei! Há um teorema em tudo isto!" gritou Jane. Os fãs de Edgar Rice Burroughs com certeza se lembram de que o pai de Jane era o professor Archimedes Q. Porter, de modo que não surpreende que sua filha tenha herdado parte da habilidade matemática da família. "Se o reflexo esquerda-direita se combinar com uma mudança de fase para dar uma simetria", continuou ela, "então a mudança de fase deve ser 0 ou 0,5. Nenhum outro resultado é possível."

"Por quê?"

"Porque o mesmo argumento se aplica aqui. Se cada perna se atrasa em relação à outra por alguma fase, então cada perna se atrasa em relação a si mesma pelo dobro dessa fase. Ora, é possível para uma perna atrasar-se em relação a si mesma — mas somente por um múltiplo inteiro do período, porque isso é, na verdade, o mesmo que absolutamente nenhum atraso. Portanto, duas vezes a mudança de fase é 0, 1, 2, 3 e assim por diante; o que implica que a mudança de fase é 0, 0,5, 1, 1,5 e assim por diante. Mas 1 tem o mesmo efeito que 0, e 1,5 tem o mesmo efeito que 0,5, por causa da periodicidade.

"O que significa", continuou ela, "que a marcha de animais de duas pernas só pode ter essas duas simetrias. Ou absolutamente nenhuma simetria. Eu me pergunto se isso pode mesmo..." Tarzan foi em direção a ela claudicando, arrastando uma perna. "É isso, exatamente! Você pega as coisas depressa, Tarzan."

Ele se acocorou junto a ela, catando o pelo do peito até Jane lhe dar um tapa no punho. "Animais de quatro patas devem ser muito mais complicados", disse ele.

"É verdade. Há muitas marchas de quadrúpedes." A Figura 15 mostra as oito mais comuns. O *salto* tem simetria esquerda-direita, assim como o pulo com duas patas. O *passo*, comum em girafas (Figura 16) e camelos, é semelhante ao andar humano: muda de fase por meio período se esquerda e direita são trocadas.

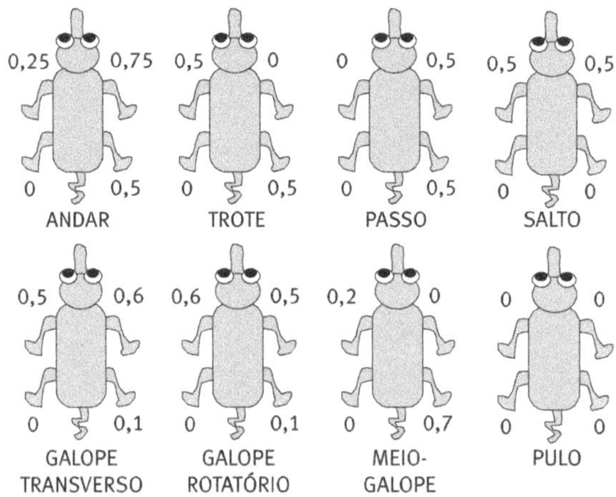

Figura 15. Oito marchas comuns de quadrúpedes, mostrando as fases relativas das pernas.

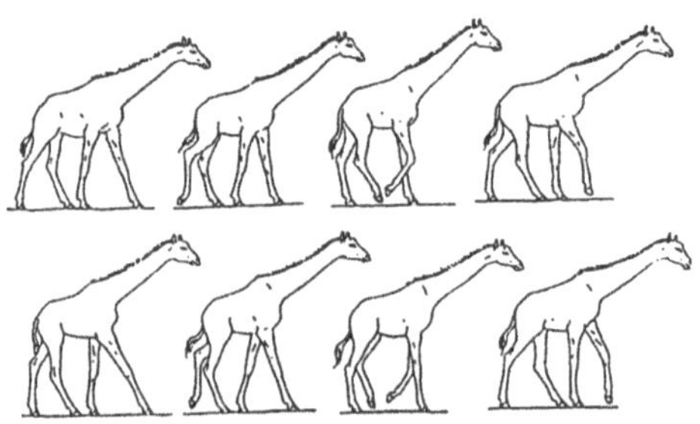

Figura 16. O andar de uma girafa, que quebra a simetria bilateral. A segunda série de quatro quadros é igual à primeira, mas refletida esquerda-direita (com relação à *girafa*, não à página).

"O que não entendo", disse Tarzan, pensativo, "é por que o princípio de Curie não funciona. Por que as marchas são menos simétricas que o animal inteiro?" Nesse instante, Heftilump, o elefante, atravessou a clareira a furta-passo, trombeteando seu prazer por ver Tarzan. Este trombeteou de volta. "Veja só", continuou ele, "não me parece que um elefante que saltasse com duas patas ao mesmo tempo seria digno de reflexão. A sobrevivência dos mais achatados... ele nunca teria evoluído."

"Quebra de simetria", disse Jane. "É por isso que o princípio de Curie falha."

"O que é quebra de simetria?"

"Isso acontece quando um sistema simétrico se comporta de uma maneira menos simétrica."

"Ah. Quer dizer que é o que acontece quando o princípio de Curie falha."

"Precisamente!"

"Então... o princípio de Curie falha sempre que o princípio de Curie falha. Excelente. Isso realmente elucida a questão, Jane."

Jane rosnou como uma leoa irritada. *Diabos me levem! Agora ele* me *pegou fazendo isso!* "O ponto importante a compreender, Tarzan, é que o princípio de Curie *pode* falhar. Vou lhe mostrar como. Onde está Jim?"

O jovem Jim Pansy estava sempre rondando a cabana — e frequentemente dentro dela, furtando bananas —, e Jane pôs o bicho na coleira com facilidade. Em seguida, amarrou a ponta num cipó, sobre o qual sentou o jovem macaco, que se agarrou a ele, alvoroçado, até que ela lhe enfiou uma banana na boca para silenciá-lo.

"Quando Jim fica parado e o cipó pende verticalmente para baixo", disse Jane didaticamente, "o sistema todo tem simetria circular". Tarzan parecia perplexo. "O que quero dizer é que, se você andar em volta dele, parecerá praticamente igual visto de todas as direções." Tarzan inspecionou a cara de Jim, depois caminhou até o outro lado. Pareceu mais desconcertado que nunca. "Você tem de fazer de conta que Jim é uma massa esférica sem feições, Tarzan." Ele assentiu alegremente.

"Agora, suponha que eu agarre o cipó no ponto em que ele pende sobre este galho e o puxe para cima e para baixo, suavemente, assim... Então, Jim balança para cima e para baixo, mas não se move para os lados. A parte importante do sistema, o pedaço de cipó pendurado do galho com Jim preso a ele, continua sendo circularmente simétrica, ainda que balance para cima e para baixo; mas veja o que acontece." Quando Jane sacudiu o cipó para cima e para baixo com mais força, Jim começou a balançar num arco, curto a princípio, depois cada vez mais longo. O chimpanzé guinchou de prazer, sacudiu os braços e caiu, encerrando o experimento.

"Eu vi", disse Tarzan, "mas não tenho certeza do que vi."

"Quebra de simetria", disse Jane. "O estado perfeitamente simétrico do sistema é pender verticalmente. Mas, quando o sacudo, esse estado torna-se *instável*. Ele ainda existe, matematicamente, mas você não o observa na prática, porque qualquer desvio aleatório minúsculo tende a crescer. Como o estado simétrico não pode ocorrer, o sistema naturalmente tem de fazer alguma outra coisa, que tem de ser forçosamente menos simétrica."

"Ah." Ele fez uma pausa. "O que significa 'forçosamente'?"

Jane o ignorou. "No entanto, não é *totalmente* assimétrico. Jim estava balançando para lá e para cá num plano. Se pensar nesse plano como um espelho, o balanço dele é simétrico sob reflexão naquele espelho. Isso é um exemplo de *onda estacionária*.

"Mas não é tudo." Ela levantou Jim do chão, enfiou-lhe outra banana na boca para acalmá-lo e prendeu-o ao cipó de novo. "Há outro tipo de oscilação periódica que Jim pode executar também." Deu um empurrão no macaco e ele balançou em círculos. "Pois bem, você pode pensar que este movimento tem simetria circular, mas isso não é verdade. Se girar o sistema em algum ângulo, ele não parecerá *exatamente* o mesmo."

"Não, é como o andar no espelho. É o mesmo tipo geral de movimento, mas num lugar diferente num determinado momento."

"Certo. O que significa isso?"

"Quase igual, mas o tempo está errado... é claro. É uma mudança de fase novamente."

"Você entendeu. Se girar o sistema e aplicar um atraso adequado no tempo, ele parecerá *exatamente* igual a antes. E, neste caso, o atraso no tempo é o mesmo que a rotação, no sentido de que uma rotação de 0,4 de uma volta necessita um atraso de 0,4 de um período, e assim por diante. Isso é chamado de *onda girante*."

"Deixe-me pôr isto à prova numa acácia e ver quem fica arranhado", disse Tarzan. Jane começou a se arrepender de ter incluído um livro sobre negócios em sua biblioteca de viagem. "Quando o estado perfeitamente simétrico se torna instável, a simetria pode se quebrar ou numa onda estacionária ou numa onda girante. A onda estacionária tem uma simetria puramente espacial — reflexão em seu plano. A onda girante tem uma simetria mista espaçotemporal."

"É isso, exatamente!" Tarzan socou o peito e uivou em triunfo, enquanto Jane sacudia a cabeça. Aquilo não pegaria bem na Câmara dos Comuns; a educação do homem-macaco ainda não estava concluída. "No entanto, a simetria circular não desapareceu *por completo.*" Ela agarrou o cipó. Jim pareceu amedrontado. "Escolha um plano vertical."

"Alinhado com aquela araucária", disse Tarzan. Jane deu um empurrão em Jim naquela direção; o macaco oscilou de um lado para outro no plano que Tarzan escolhera. "Para que planos isso vai funcionar?"

"Qualquer um deles, acho", respondeu o homem-macaco. "Contanto que sejam verticais e passem através do ponto em que o cipó corre sobre o galho."

"Certo. Planos através do eixo de simetria. E como esses planos se relacionam?"

"Hum... São todos rotações uns dos outros. Entendi! Em vez de ter um único estado do sistema, inalterado por todas as rotações — isto é, um estado plenamente simétrico —, temos *muitos* estados menos simétricos, todos relacionados *uns aos outros* por rotações."

"Isso mesmo. Todo o conjunto de movimentos continua tendo simetria circular, ou seja, se você girar qualquer movimento, obterá outro desse mesmo conjunto. Mas pode não ser aquele com que começou. A simetria é menos *quebrada* do que *compartilhada.*"

Nesse momento, uma forma laranja listrada atravessou a clareira voando e uivando, trombou com Tarzan e os dois caíram embolados, contorcendo-se. Houve uma breve luta, da qual o homem-macaco emergiu exibindo um largo sorriso e um grande guepardo no colo. "Veja, Spot veio nos visitar!"

"Sim, e usando, se não me engano, um galope transverso", disse Jane, "que é uma das marchas menos simétricas." (Figura 17)

Figura 17. O galope transverso do guepardo.

"Que simetria ela tem?" perguntou Tarzan.

"É possível decifrá-la a partir das mudanças de fase", disse Jane (ver Figura 15). "No galope transverso, pernas diagonalmente opostas estão fora de fase por 0,5. Há também um curioso atraso de fase de cerca de 0,1 entre as patas dianteiras esquerda e direita, que não vou explicar porque entraria num campo *realmente* técnico. É provável que isso esteja relacionado com o uso eficiente de energia pelo animal. Seja como for, a simetria é esta: *alterne pares diagonais de patas e mude de fase por meio período.*"

"O que eu gostaria de saber é que tipo de quebra de simetria poderia criar esse tipo de movimento", disse Tarzan. Mas o sol estava se pondo e eles voltaram para a cabana.

Na manhã seguinte, Jane foi despertada por uma tremenda gritaria e algazarra, como se houvesse ali um bando de macacos. Quando olhou para a clareira lá embaixo, foi quase isso que viu. Tarzan havia montado uma complicada rede de cipós entre quatro árvores (Figura 18) e estava tentando usar bananas para subornar alguns filhotes de chimpanzé para se agarrarem às pontas de quatro cipós pendentes. *Antropoides, não macacos comuns. Mesma diferença.*

"É um modelo do que os biólogos chamam de 'gerador central de padrões'", disse Tarzan muito contente. "Andei lendo um pouco mais. Cada chimpanzé representa um componente do circuito neural do animal, controlando uma perna. Os cipós são interconexões que emparelham os neurônios uns com os outros, de modo que eles se afetem mutuamente. A dinâmica do circuito controla os ritmos da marcha. Veja!" Deu um empurrão num chimpanzé e este começou a balançar; os impulsos transmitidos ao longo dos cipós de ligação logo fizeram os outros chimpanzés balançarem em concordância. Um padrão bastante complexo mal acabara de se estabelecer quando um chimpanzé saltou fora para furtar mais uma banana.

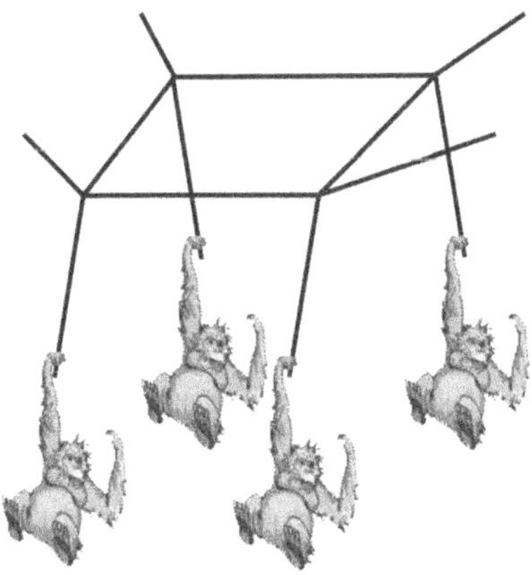

Figura 18. A simulação do Gerador Central de Padrões de Tarzan.

"Apenas um problema de hardware", disse o homem-macaco, pegando o sem-vergonha e recolocando-o no seu cipó. "O conceito básico está correto. Cada rede permite toda uma gama de oscilações. É por isso que um único animal pode empregar várias marchas diferentes, dependendo da velocidade, do terreno, e assim por diante. Posso obter a maior parte das marchas comuns usando um padrão quadrado. Mas, curiosamente, a marcha que não consigo entender é o andar. É uma espécie de onda girante em forma de 8, em que as patas dianteira esquerda, traseira direita, dianteira direita e traseira esquerda se movem em sequência, com atrasos de fase de 0,25. Mas eu *consigo* reproduzir isso se reorganizar os cipós para fazer duas das conexões laterais se cruzarem."

"Deixe-me ver se entendo o que está sugerindo", disse Jane. "Você está considerando várias redes de osciladores emparelhados, e verificando que tipos de quebra de simetria podem ocorrer. Depois, está tentando equiparar os resultados com marchas reais, com base no pressuposto de que cada perna é controlada por um oscilador."

"Bem, é claro. Isto é, *qualquer um* poderia ver isso. Embora, na prática, cada 'oscilador' possa ser um circuito complicado. O importante é que isso funciona! Veja, digamos que você quer um salto. Então você faz as duas 'pernas' dianteiras se moverem juntas, e ao mesmo tempo." Ele correu até a outra ponta da clareira. "Faz as outras duas pernas irem juntas, mas com uma diferença de fase de 0,5. É claro que você pode *pôr* os chimpanzés para balançar em qualquer padrão que queira, mas apenas alguns padrões persistem por muito tempo. Os outros ficam todos desengonçados. Por isso, imagino que aqueles sejam os padrões naturais de oscilação da rede. É igualmente fácil conseguir o trote, o passo e o pulo.

"Os dois tipos de galope não são muito mais difíceis; mas estou tendo muita dificuldade para convencer estes chimpanzés a andarem a meio-galope, isso posso lhe dizer! Provavelmente, só preciso de mais bananas para acabar com isso e eliminar os *bugs*."

"Tarzan, afora as metáforas pavorosamente misturadas, isso é, de fato, muito impressionante...", começou Jane, mas o homem-macaco havia mergulhado no matagal, gritando: "*Bug!* Isso quer dizer inseto! Esta história deve funcionar para insetos também!" Reapareceu sacudindo um grande besouro-verde, e o depositou sobre uma pedra. Depois de um início hesitante, o inseto pôs-se a caminhar depressa.

"Marcha trípode", disse Jane. "As pernas avançam juntas em grupos de três, uma trinca ficando fora de fase por 0,5 em relação à outra (Figura 19). Patas dianteira e traseira de um lado, e a do meio do outro. Lindas simetrias."

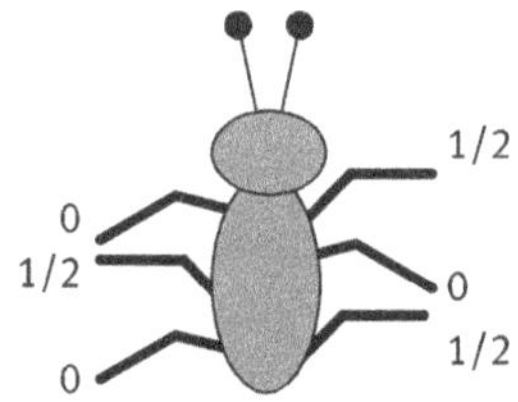

Figura 19. Marcha trípode de um inseto.

No fim da tarde, Tarzan havia montado um conjunto de seis cipós ligados num hexágono, e seis confusos chimpanzés balançavam alegremente numa marcha trípode. Chimpanzés alternados balançavam para dentro e para fora, com uma diferença de fase de 0,5.

Ao se deitar para dormir aquela noite, Jane viu-se pensando: *Espero que Tarzan não comece a ficar intrigado com o andar da...* mas caiu no sono antes de poder completar o pensamento.

Logo após o nascer do sol, ela foi despertada pelo som de enormes árvores caindo estrondosamente no chão, ao som da mais apavorante gritaria que já ouvira. Tarzan estava ampliando a clareira para fazer uma pista longa. Uma grande pilha de cipós estendia-se de ambos os lados, uma montanha de bananas do tamanho da cabana acumulava-se num canto e chimpanzés corriam por toda parte. Tentou contá-los. Devia haver pelo menos cem.

Exatamente cem, é claro. Seu pensamento da véspera completou-se. *Espero que Tarzan não comece a ficar intrigado com o andar da centopeia.* Não que as centopeias tenham de fato cem patas, mas, afinal, Tarzan tinha uma mente muito literal.

Um novo pensamento ocorreu a Jane: *Oh, meu Deus, espero que nada o faça lembrar dos milípedes.*

WEBSITES

Gerais
http://en.wikipedia.org/wiki/Animal_locomotion
http://en.wikipedia.org/wiki/Terrestrial_locomotion_in_animals

Cavalos
http://en.wikipedia.org/wiki/Horse_gait

Insetos
http://www.mindcreators.com/InsectLocomotion.htm

Fotografias antigas, inclusive filmes
http://commons.wikimedia.org/wiki/Category:Eadweard_Muybridge
http://en.wikipedia.org/wiki/Eadweard_Muybridge

– 6 –
A ladrilhagem do espaço com nós

Ladrilhos quadrados, retangulares, hexagonais, curvos — os matemáticos têm se encantado com os padrões dos ladrilhos, surpreendendo-se com sua versatilidade e intrigando-se com questões que parecem simples, mas que se revelam assombrosamente difíceis. Mas você já pensou em ladrilhos com nós?

Formas que ladrilham o plano — enchendo-o completamente sem se superpor — são um tema recorrente na matemática, tanto recreativa quanto convencional. Sólidos que "ladrilham" o espaço tridimensional também atraíram muita atenção. Na verdade, tantas pessoas trabalharam nessas questões que seria fácil imaginar que não resta nada de novo a ser feito. A leitura de um artigo de Colin C. Adams (Williams College) em *Mathematical Intelligencer* mostrou-me definitivamente que esse não é o caso. Adams descobriu métodos gerais para criar ladrilhos tridimensionais com uma topologia altamente intricada; em particular, eles podem ser nós.

Todos os ladrilhos tridimensionais de Adams são construídos a partir de cópias congruentes de uma única forma, chamada de *protoladrilho*. O ladrilho tridimensional mais simples usa um cubo como protoladrilho, empilhando os cubos como num tabuleiro de xadrez tridimensional. Essa ladrilhagem em forma de "treliça cúbica" pode parecer prosaica, mas modificações simples podem criar ladrilhos de topologia surpreendentemente complexa, como veremos.

A topologia é a "geometria da lâmina de borracha", a geometria da transformação contínua; isto é, ela estuda as propriedades das formas que permanecem inalteradas quando a forma é esticada, espremida, curvada, torcida ou deformada de modo geral de uma maneira contínua (sem rasgos ou cortes). Essa deformação é chamada de equivalência topológica; por exemplo, um cubo é topologicamente equivalente a uma esfera — basta arredondar os cantos. As propriedades topológicas incluem conceitos fundamentais como conectividade e tipos de nós.

Uma das formas favoritas dos topologistas é o toro, moldado como uma rosquinha ou um pneu de automóvel. Para fins deste artigo, estou pensando num toro sólido — a massa da rosquinha, e não apenas a superfície açucarada. Para fazer sua mente funcionar em linhas topológicas, você deveria começar inventando um protoladrilho que seja topologicamente equivalente a um toro. Pense sobre isso antes de seguir adiante. A Figura 20a mostra uma solução possível. O protoladrilho é um cubo com um buraco quadrado passando pelo meio. Duas "saliências" com a mesma seção transversal que o buraco são colocadas no meio das faces opostas; cada saliência tem metade do comprimento do buraco.

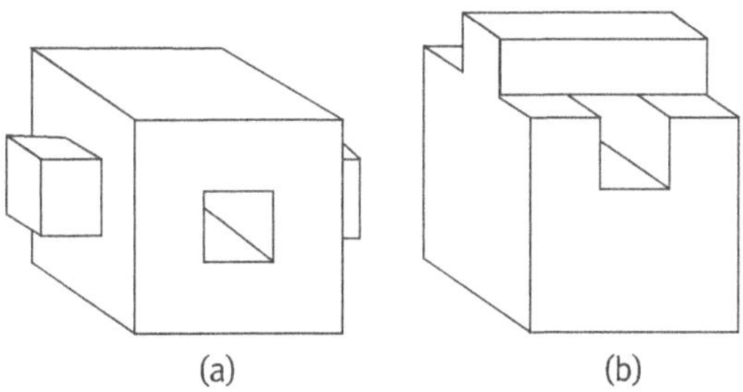

Figura 20. (a) Ladrilho toroidal formado furando um buraco através de um cubo e acrescentando saliências correspondentes. (b) Uma maneira alternativa de fazer um ladrilho toroidal.

Topologicamente, esse protoladrilho é apenas um toro sólido; se você o fizesse com massa de modelar, poderia achatar as saliências e arredondar os cantos para obter a rosquinha tradicional. Você pode construir uma prancha com a espessura de um cubo a partir de cópias desse protoladrilho, dispondo-os como os quadrados de um tabuleiro de xadrez, com os que correspondem a um quadrado preto orientados em ângulos retos em relação aos que correspondem a um quadrado branco, de modo que as saliências se encaixem perfeitamente nos buracos e os preencham. Depois, basta pôr as pilhas de pranchas umas sobre as outras.

Com esse protoladrilho, é possível fazer ladrilhos reais de madeira e, de fato, encaixá-los uns nos outros um a um: eles ladrilham o espaço, mas não se engatam. Uma alternativa, mostrada na Figura 20b, envolve protoladrilhos que se engatam. De agora em diante, permitiremos que os protoladrilhos se engatem: estamos procurando padrões matemáticos que ladrilhem o espaço, mas não estamos preocupados com a maneira de montá-los a partir de ladrilhos separados.

Ambas as soluções ilustram o princípio "escolha e misture", que pode ser visto mais claramente no plano (Figura 21). Comece com uma ladrilhagem simples — neste caso, quadrados. Subdivida cada ladrilho em vários pedaços, usando a mesma subdivisão em cada um. Agora, monte um novo protoladrilho escolhendo um exemplar de cada pedaço — mas não necessariamente do quadrado original. O resultado automaticamente ladrilha o plano. Construções semelhantes aplicam-se ao espaço tridimensional. Como uma variação, a ladrilhagem simples original pode envolver colocar os protoladrilhos em diferentes posições de alguma maneira regular. Os ladrilhos descritos na figura podem ser vistos como aplicações do princípio "escolha e misture" à ladrilhagem do espaço por uma treliça cúbica. Para a Figura 20a, o cubo básico é dividido em três peças: um cubo com um túnel e duas saliências que dividem o túnel em metades iguais. Para a Figura 20b, ele é dividido em um cubo com um sulco quadrado e uma caixa retangular que preenche o sulco. Se esses cubos forem empilhados numa treliça com posições adequadas e as peças apropriadas forem depois reatribuídas a cubos vizinhos, você terá as ladrilhagens que acabo de descrever.

A construção "saliência e buraco" pode ser facilmente modificada, de modo que o toro tenha mais de um buraco: perfure vários buracos paralelos numa fileira bem-arrumada, com pares correspondentes de saliências, cada um com metade do comprimento dos buracos. De fato, a mesma ideia básica leva a ladrilhos com topologia mais exótica, conhecidos como "cubos com buracos". Para obter um deles, comece com um cubo sólido e fure vários túneis através dele, começando sempre na face superior e terminando na inferior. Esses túneis podem dar voltas em torno uns dos outros, formar laços com nós e, em geral, se entrelaçam de maneiras topologicamente intricadas. Qualquer cubo com buracos pode ser modificado para criar um protoladrilho topologicamente equivalente. Basta dividir cada túnel em dois, e acrescentar saliências às faces esquerda e direita do cubo para corresponderem aos meios túneis apropriados. Esses protoladrilhos encaixam-se exatamente da mesma maneira que aqueles na Figura 20a: mais uma vez estamos aplicando o princípio "escolha e misture".

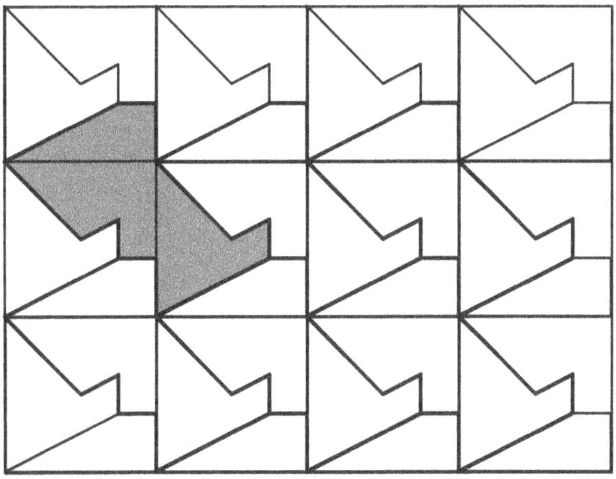

Figura 21. Princípio "escolha e misture", ilustrado aqui para a ladrilhagem de um plano por quadrados. Subdivida cada quadrado em vários pedaços; depois crie um protoladrilho que use uma cópia de cada pedaço, mas tomado de mais de um quadrado componente.

Além disso, o acréscimo das saliências não muda a topologia do cubo com buracos original, porque você pode imaginar cada uma delas crescendo continuamente para fora a partir da face à qual está presa. Chame isto de "princípio da brotação" — uma forma conserva exatamente a mesma topologia se fizer brotar protuberâncias extras. Há uma restrição importante: as protuberâncias não devem elas próprias desenvolver buracos, porque isso não é uma transformação contínua. Para ser mais preciso, as protuberâncias devem ser topologicamente equivalentes a um cubo, e devem estar presas a apenas uma face desse cubo. (Para um topologista, um tubo longo, fino e sinuoso preso a uma extremidade é equivalente a um cubo com uma face presa.)

Esta é uma ideia muito geral, mas muitas formas topologicamente interessantes não são equivalentes a um cubo com buracos. Para lidar com elas, Adams introduz outra técnica muito mais engenhosa. Vou ilustrar isso usando um toro sólido amarrado num simples nó trifoliado; um método muito semelhante funciona com qualquer tipo de nó. A ideia básica é pensar em como você poderia moldar um nó trifoliado em bronze, usando um molde cujas peças se encaixem para formar um cubo. Depois, você aplica o princípio "escolha e misture". Para conservar a topologia do nó, revela-se necessário que as peças do molde sejam cubos topológicos.

A Figura 22a mostra exatamente um molde desse tipo. Duas das peças são meios cubos com indentações ao longo de uma face, e a terceira é uma estranha estrutura semelhante a uma árvore. O papel da árvore é unir regiões do nó que se superpõem para convertê-lo num toro com muitos buracos. Ela é formada de três retalhos, com uma forma mais quadrada, que colam as superposições e estão entubados juntos por finos tubos — de modo que apenas um pedaço extra é necessário em vez de três, e esse pedaço é topologicamente equivalente a um cubo. Os pedaços de cima e de baixo do molde se encaixam para formar um cubo normal de lados quadrados, exceto por uma região que corresponde precisamente ao nó mais a árvore. O tronco da árvore estende-se até a aresta do cubo total.

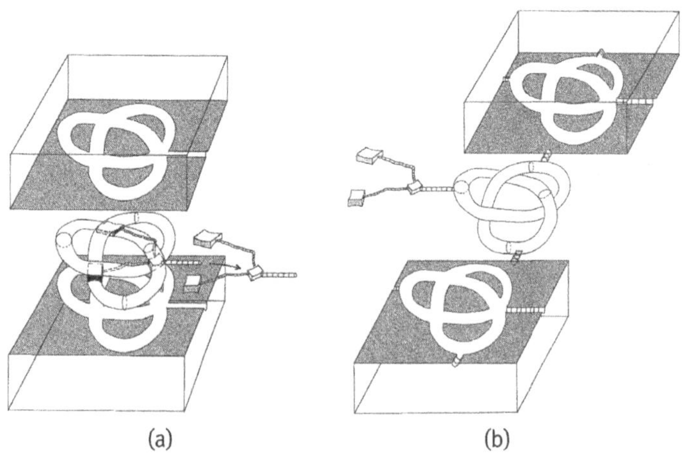

(a) (b)

Figura 22. (a) Moldagem de um nó trifoliado, usando um molde de três partes que se encaixam para formar um cubo. (b) Um protoladrilho formado a partir disto pela aplicação do princípio "escolha e misture". Apesar de sua aparência complicada, o princípio da brotação implica que ele é topologicamente equivalente ao nó trifoliado.

Por que introduzir a complexidade extra da árvore? A razão é que não podemos moldar um nó trifoliado a partir de um molde com apenas dois pedaços, se estes tiverem de ser topologicamente equivalentes a cubos. A árvore converte o nó numa forma que pode ser moldada dessa maneira.

Depois de construir o molde de três partes, você usa o princípio "escolha e misture" para criar o protoladrilho mostrado na Figura 22b. Comece com uma treliça cúbica cujos cubos sejam divididos em quatro pedaços: um nó trifoliado mais seu molde de três peças, como acabo de descrever. Imagine que o espaço seja preenchido por cubos como esses, dispostos numa treliça cúbica. Depois escolha um exemplar de cada peça, como mostrado na Figura 22b: o nó de um cubo, o meio cubo de cima do que está atrás dele, a metade inferior do cubo em frente a ele e a árvore do que está à esquerda dele. Você deve também cavar alguns sulcos e acrescentar tubos correspondentes com seções transversais semicirculares, como mostrado, de modo que os pedaços se encaixem num único — e bastante elaborado — protoladrilho. Apesar de sua curiosa arquitetura espigada, este protoladrilho é topologicamente equivalente ao nó trifoliado original. Isto decorre do princípio da brotação, porque o protoladrilho é formado pelo acréscimo de três protuberâncias ao nó trifoliado e, apesar de suas formas complexas, essas protuberâncias são topologicamente equivalentes a cubos.

Este método, embora topologicamente elegante, leva a formas bastante complexas, e você poderia ser perdoado por desejar formas mais parecidas com um tubo comum com nós. Adams tem uma resposta para isso também: ele começa com um cubo e o corta em pedaços com nós congruentes. A Figura 23 ilustra essa decomposição em quatro nós trifoliados simetricamente relacionados. Se você começar com uma treliça cúbica e quebrar cada cubo em quatro nós trifoliados da maneira mostrada, terá ladrilhado o espaço com nós trifoliados.

Há muitos problemas não resolvidos relacionados a ladrilhos com nós: aqui está um adequado para matemáticos recreativos. Suponha que você comece com um cubo e o subdivida em n^3 cubos menores, cada um medindo $1/n$, da maneira óbvia. Pinte então esses subcubos com quatro cores, de modo que subcubos de uma dada cor formem uma configuração topologicamente equivalente a um nó trifoliado. Faça isso de modo que os quatro nós fiquem simetricamente relacionados por rotações de ângulo reto, exatamente como estão na Figura 23. A questão é: qual é o menor valor de n para o qual isso pode ser feito?

Figura 23. Fatias sucessivas através de um cubo composto por quatro nós trifoliados simetricamente dispostos. Para formar os nós, empilhe as fatias umas sobre as outras e cole regiões adjacentes da mesma cor umas nas outras.

Cobrindo cada quadrado da Figura 23 com uma grade fina conveniente, você pode se convencer de que um valor bastante grande de n funciona — deixo-lhe o prazer de descobrir o valor preciso. O problema não resolvido é se existem ou não diagramas semelhantes baseados numa grade menor. Note que n deve ser par para que quatro nós estejam simetricamente relacionados, e é bastante fácil excluir valores pequenos de n. Talvez você queira também investigar se é possível reduzir o valor mínimo para n omitindo a condição de simetria.

FEEDBACK

Michael Harman, um agente de patentes licenciado em Camberley, no Reino Unido, enviou-me uma longa carta descrevendo várias abordagens originais para encontrar ladrilhos amarrados. Uma ideia especialmente interessante é começar com um "nó de toro", formado ao enrolar um comprimento de cordão em torno de um toro sólido (Figura 24). Vários exemplares congruentes de um cordão como este ladrilham a superfície do toro, e essa ladrilhagem pode ser estendida para preencher o interior, com os ladrilhos permanecendo congruentes.

É bem sabido que um cubo pode ser dissecado em dois toros congruentes. Harman observa que cada um deles pode ser dissecado, por sua vez, em dois nós congruentes, de modo que obtemos uma nova dissecação de um cubo em quatro nós congruentes. Ele acrescenta: "Vale a pena observar também que a dissecação dos dois toros pode resultar em imagens diretamente correspondentes ou em imagens especulares um do outro."

Figura 24. Nó de toro. Este se enrola oito vezes através do buraco do toro a cada três voltas em torno do toro inteiro.

WEBSITES

Gerais

http://www.scienceu.com/geometry/articles/tiling/
http://mathworld.wolfram.com/Tiling.html
http://en.wikipedia.org/wiki/Tessellation

Ladrilhagens não periódicas

http://en.wikipedia.org/wiki/Penrose_tiling

Ladrilhagens tridimensionais

http://en.wikipedia.org/wiki/Convex_uniform_honeycomb

Nós de toros

http://en.wikipedia.org/wiki/Torus_knot
http://mathworld.wolfram.com/TorusKnot.html

Tabelas de nós

http://www.math.toronto.edu/~drorbn/KAtlas/Knots/

Invariantes de nós

http://en.wikipedia.org/wiki/Knot_theory

– 7 –
Adiante rumo ao futuro 1: Capturado na armadilha do tempo!

A viagem no tempo tem sido um tema presente na ficção científica desde que H.G. Wells escreveu *A máquina do tempo*, há pouco mais de um século. Nas últimas décadas, ela foi tema também na física relativística. Apesar dos muitos paradoxos, as leis da física tal como compreendidas atualmente não parecem excluir a viagem através do tempo. Bem-vindo à Hawkrose & Penking Heavy Engineering.

Eu estava terminando meu turno na Hawkrose & Penking Heavy Engineering quando ouvi um gemido fraco. Parecia estar vindo da área de simulação de realidade virtual. O lugar fica bastante ermo tarde da noite, e eu era a única pessoa por ali. Não tinha muita escolha senão descobrir o que era, mas estava nervoso, confesso. Poderia ter sido um arrombamento ciberespacial. A segurança física é imbatível no ano 3001 — temos guardas-robôs sensíveis a DNA, por exemplo —, mas a segurança eletrônica é uma coisa completamente diferente. Há muitos espertalhões por aí com formação em eletrônica!

A sala estava cheia de uma fumaça acre. Só podia ser um arrombamento físico, o que era impossível. Comecei a suar. A fumaça começou a se dissipar.

Havia um aparelho estranho no meio da sala, uma estrutura delicada de metal brilhante, vidro e o que parecia ser plástico de um branco embaçado. Tinha um aspecto antiquado. Um homem estava sentado no meio da geringonça, escondido dentro de uma capa preta. Ele se mexeu.

"*Segurança!*" gritei. "A sala está trancada. Saia daí com as mãos para o alto. Não toque em nenhum laser, *phaser*, lança-foguetes ou qualquer outra arma, ou será instantaneamente aniquilado por nossos sistemas de defesa biocibernéticos." Eu estava blefando, mas talvez ele não soubesse disso. Ele saiu. "Identidade?" perguntei.

"Ah — deseja ser informado de meu nome, senhor?"

Parecia educado e *muito* antiquado. O que estava tentando conseguir? "Identifique-se imediatamente", disse.

"Pode me chamar de Viajante no Tempo. Sou amigo do sr. Herbert Wells."

Herbert — um momento, estaria ele se referindo a Herbert *George* Wells? H.G. Wells, o famoso escritor de ficção científica? "Sim, e singularidades crescem em árvores." Imprensei-o contra uma parede e revistei-o. Descobri alguns itens muito esquisitos, entre os quais uma caneta de pena. Examinei a máquina com atenção. Era feita de aço, estanho, vidro e cristal, com componentes de latão lindamente construídos. Algumas partes eram feitas de um material plástico branco, que não consegui identificar.

Eu sabia que a história dele não fazia nenhum sentido — mas, de alguma maneira, soava convincente. Havia uma espécie de ar *antigo* no equipamento, de genuína antiguidade. Ninguém me engana quando o assunto é engenharia.

"Suponha que, por capricho, eu finja acreditar no senhor", disse eu. "Como chegou até aqui e por que veio?"

"Não tive escolha. Estava a caminho do futuro distante quando senti um cheiro de fumaça. Desliguei a máquina, mas era tarde demais. A engrenagem para a seleção temporal tinha perdido seus dentes." Remexeu dentro da máquina por algum tempo e tirou um disco de aspecto deplorável daquele material plástico, ainda fumegando um pouco. "Talvez o senhor possa me fazer a gentileza de fabricar uma nova para mim?"

"Depende do tipo de plástico necessário", respondi.

"Desculpe-me, gentil senhor, mas o que é 'plástico'?"

Ou ele era um excelente ator, ou estava falando a verdade. Não sabia o que era plástico. Eu disse: "Um material branco, como esse aí."

"Oh, isto? Isto é marfim. É o único material adequado para essa finalidade, algo relacionado com suas origens animais. Mas ainda deve ser muito comum."

Nesse momento, me convenci. *Ninguém* em 3001 poderia obter marfim. Para início de conversa, o comércio do material estava proibido há mil anos. Depois, o último elefante tinha sido abatido por caçadores clandestinos 950 anos antes. O marfim que restava estava em museus, tinha um valor inestimável e, com o tempo, adquirira um tom amarelo fosco.

Esse material era *novo*.

"Perca as esperanças", eu disse, explicando por que não poderia obter o material necessário para fazer uma nova roda dentada.

O Viajante no Tempo pareceu estar contendo as lágrimas. "Então estou preso", sussurrou.

"Talvez sim, talvez não", respondi. "Se houver uma solução, Hawkrose & Penking a encontrará. Agora, diga-me como essa engenhoca funciona, e veremos o que podemos propor."

Fazendo um esforço visível, ele se controlou. "Talvez o senhor se lembre de que, no número 1894-5 de *The New Review*, meu amigo sr. Wells publicou um conto chamado 'A máquina do tempo'."

O fato é que eu me lembrava: meu hobby é história literária antiga. Sempre me pareceu adequado que a revista não tivesse conseguido decidir em que ano seria publicada.

"A história foi inspirada por uma invenção verdadeira", continuou o Viajante no Tempo, quando fiz um gesto de assentimento. "O próprio sr. Wells explicou a ideia principal quando escreveu que 'Não há diferença entre o Tempo e qualquer outra das três dimensões do Espaço, exceto o fato de nossa consciência mover-se ao longo dele'. Esta máquina não se move na mesma direção que nossa consciência, apenas isto. Quando funciona."

"Interessante", observei. "Não de todo verdade, mas interessante."

"Não de todo verdade?" Então, tive de explicar alguns fundamentos da relatividade, do tipo que as crianças recebem em tanques de gestação, antes de serem decantadas. Começando pela relatividade restrita.

"A principal coisa a lembrar", eu disse, "é que 'relatividade' é um nome tolo."

"Então por que o utilizam?"

"Acidente histórico. Estamos presos a ele. A menos que o senhor possa fazer sua máquina funcionar, voltar atrás, e convencer o velho Albert a inventar um nome melhor."

Expliquei que o que interessa na relatividade restrita não é que "tudo é relativo", mas que uma coisa particular — a velocidade da luz — é inesperadamente *absoluta*. Se uma pessoa viaja num carro a 50km/h (quilômetros por hora) e dispara com uma arma para a frente, de modo que a bala se mova a 500km/h relativamente ao carro, ela atingirá um alvo estacionário a uma velocidade de 550km/h, somando-se os dois componentes (Figura 25a). No entanto, se, em vez de dar um tiro, a pessoa acender uma lanterna, que "dispara" luz numa velocidade de 1.079.252.848km/h, essa luz não atingirá o alvo estacionário a uma velocidade de 1.079.252.898km/h (note o final 98, e não 48); ela o atingirá a 1.079.252.848km/h, exatamente a mesma velocidade que teria tido se o carro estivesse estacionário (Figura 25b).

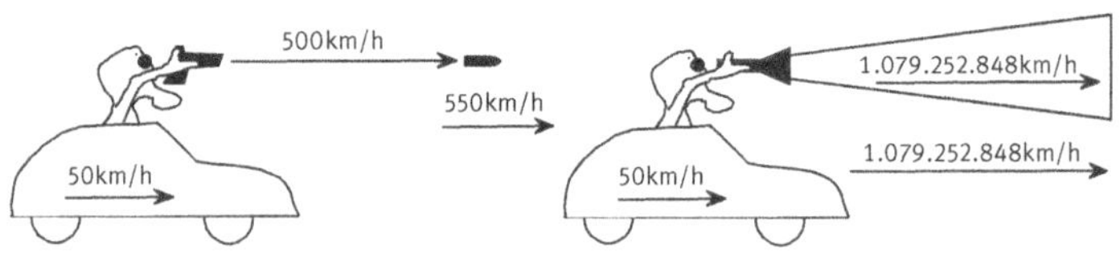

(a) (b)

Figura 25. (a) Na mecânica newtoniana, velocidades relativas se combinam por adição. (b) Na mecânica relativística, a velocidade da luz é constante.

"O senhor mesmo pode provar isso", disse. "Precisamos de uma caixa de sapato, uma lanterna e um espelho."

"Lanterna?"

"Ó céus — use um lampião. Faça um pequeno furo na frente da caixa, para deixar a luz passar. Corte uma aba no topo para poder abrir a caixa e olhar dentro dela; e escreva 'A VELOCIDADE DA LUZ É 1.079.252.849KM/H' no fundo, dentro da caixa. Fique parado, feche a aba, aponte o lampião para o espelho de modo que o feixe de luz se reflita de volta sobre a caixa, através do furo, e levante a aba para ler em voz alta a velocidade da luz. Depois *corra em direção ao espelho* e repita o experimento. Curiosamente, o senhor obtém 1.079.252.849km/h nas duas vezes..."

"Isso", disse o Viajante no Tempo com desdém, "é um experimento extraordinariamente bobo."

"É verdade. Mas com equipamento mais sofisticado *obtém-se a mesma resposta* — como Albert Michelson e Edward Morley descobriram entre 1881 e 1894. Eles estavam tentando detectar o movimento da Terra em relação ao 'éter', o fluido que tudo penetrava e que, segundo se acreditava, transmitia toda a radiação eletromagnética, inclusive a luz. Se a física newtoniana estivesse correta, esse movimento mostraria uma diferença na velocidade aparente da luz quando a Terra estava em pontos opostos de sua órbita, movendo-se em direções opostas. Mas eles não conseguiram encontrar absolutamente nenhuma diferença na velocidade da luz, mesmo com equipamentos muito sensíveis."

"Sim, tenho conhecimento do trabalho deles. Parecia-me que tudo que tinham provado era que a Terra deve transportar o éter consigo ao se mover em órbita."

Essa ideia nunca me ocorrera, mas certamente outros deviam ter pensado nisso na época, e a hipótese devia ter sido descartada por uma boa razão. "É uma teoria bonitinha."

"Bonitinha?"

"Hum — engenhosa. Mas, se o éter estivesse rodopiando assim, seria de se esperar ver efeitos divertidos na luz de estrelas distantes. Michelson e Morley chegaram à conclusão de que ou o éter absolutamente não existe, ou a Terra *não está* se movendo em relação a ele — o que não é muito crível —, ou de que há algo bastante esquisito com a luz."

"E qual dessas alternativas é verdadeira?"

"Bem, atribui-se a um cientista chamado Albert Einstein a teoria — chamada relatividade restrita, como eu disse — de que há algo bastante esquisito com a luz. Ele a publicou em 1905. Mas muitas outras pessoas — entre elas Hendrik Lorentz e Henri Poincaré — estavam trabalhando na mesma ideia, porque era amplamente reconhecido que as equações de Maxwell para o eletromagnetismo não se ajustavam lá muito bem com a mecânica newtoniana. O problema era um dos 'quadros de referência móveis'. De que maneira as equações mudam quando o observador está se movendo? Há fórmulas que respondem a esta questão. Na mecânica newtoniana, por exemplo, as velocidades medidas por um observador em movimento (ou relativas a ele) mudam subtraindo o movimento do observador. Mas transformações newtonianas podem desorganizar as equações de Maxwell. A solução é usar diferentes fórmulas, chamadas transformações de Lorentz. Elas mantêm a velocidade da luz constante, mas têm efeitos secundários sobre o espaço, o tempo e a massa. Objetos encolhem quando se aproximam da velocidade da luz, o tempo desacelera, passando a rastejar, e a massa torna-se infinita."

"É difícil dar crédito a uma história tão estranha."

"O senhor chega no meio deste prédio, dentro do que diz ser uma máquina do tempo, e diz que *eu* estou contando uma história inacreditável?"

"Bem, quando eu parti, este prédio não existia. Seja como for, senhor, cá estou eu."

"Sim. E a relatividade restrita também. Pois bem, admito que não é fácil pensar sobre esse tipo de coisa usando apenas as fórmulas, e a ideia não decolou realmente até 1908, quando o matemático Hermann Minkowski forneceu um bom modelo geométrico para a relatividade — uma maneira simples de *visualizá-la* —, hoje chamado de espaço-tempo de Minkowski (ou espaço-tempo *plano*). Precisamente *porque* a relatividade diz respeito ao comportamento não relativo da luz, tudo nela depende estreitamente de qual 'quadro de referência' é usado por um observador. Observadores em movimento e observadores estáticos veem os mesmos eventos de maneiras diferentes."

"Isso eu entendo. A máquina do tempo baseia-se exatamente nesse princípio."

"Sim, claro. Mas o senhor está pensando na física newtoniana. Certo, há muita coisa em comum. Matematicamente, um quadro de referência é um sistema de coordenadas. A física newtoniana fornece espaço com três coordenadas fixas (x, y, z). Pensava-se que a estrutura do espaço era independente do tempo, e não era nada tradicional representar o tempo como uma coordenada. Minkowski introduziu o tempo como uma coordenada extra explícita. Podemos desenhar o espaço-tempo bidimensional de Minkowski como um plano (Figura 26a). A coordenada horizontal *x* determina a posição de uma partícula no espaço; a coordenada vertical *t* determina sua posição no tempo."

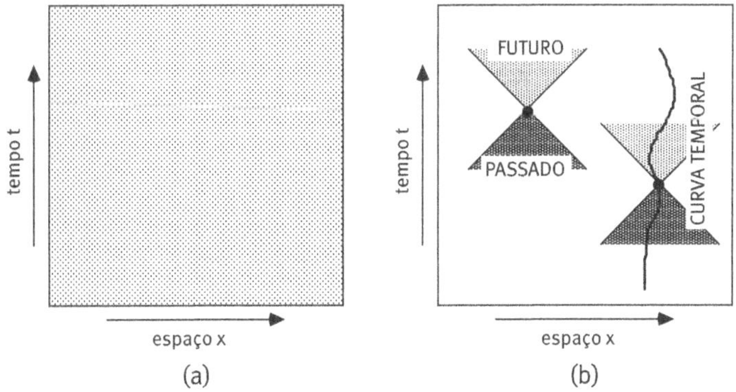

Figura 26. Espaço-tempo de Minkowski. (a) Coordenadas espaço-tempo. b) Cones de luz e uma curva temporal.

"Mas foi isso que lhe disse!" interrompeu o Viajante no Tempo, alvoroçado. "O tempo nada mais é que uma quarta dimensão!"

"Sim, mas há um probleminha extra do qual sua civilização não tinha conhecimento. Vou chegar lá daqui a pouco, mas primeiro quero explicar uma coisa sobre meus desenhos. Em sua plena forma, o espaço-tempo *x* de Minkowski é tridimensional; por conveniência, porém, vamos fingir que é unidimensional. Mais tarde terei de representar o espaço como sendo bidimensional. O problema é que quatro dimensões de espaço-tempo não se ajustam convenientemente a uma folha de papel bidimensional, por isso grande parte da matemática envolve truques para reduzir as dimensões do espaço. O truque mais simples é ignorar algumas dimensões.

"À medida que a partícula se move, ela traça uma curva no espaço-tempo chamada de *linha de mundo*. Se a velocidade for constante, a linha de mundo será reta, e sua inclinação dependerá da velocidade. Partículas que se movem muito devagar cobrem uma pequena quantidade de espaço em muito tempo, de modo que suas linhas de mundo são quase verticais; partículas que se movem com grande rapidez cobrem muito espaço num tempo bastante curto, de modo que suas linhas de tempo são quase horizontais. Entre uma coisa e outra, a um ângulo de 45°, estão as linhas de mundo de partículas que cobrem uma dada quantidade de espaço na mesma quantidade de tempo — medidos nas unidades corretas. Essas unidades são escolhidas para se relacionar por meio da velocidade da luz — digamos, anos para tempo e anos-luz para o espaço. O que cobre um ano-luz de espaço em um ano de tempo?"

"Hum... a luz?"

"É claro. Portanto linhas de mundo a 45° correspondem a partículas de luz — raios de luz ou fótons —, ou a qualquer outra coisa que possa se mover na mesma velocidade."

"Partículas de luz?"

"Bem, basta aceitar isto como uma imagem, certo? Pense em raios de luz, se isso o deixa mais confortável."

"Como quiser. Minha cabeça está começando a doer."

"Você ainda não viu nada, cara."

"Meu nome não é Cara."

"É uma figura de linguagem. De todo modo, o senhor não me disse seu nome. Pois bem, o probleminha extra é que a relatividade proíbe corpos de se moverem mais depressa que a luz. A razão matemática é que seus comprimentos se tornariam imaginários — envolvendo a raiz quadrada de menos um —, e o mesmo ocorreria com as massas e a passagem local do tempo. Assim, a linha de mundo de uma partícula real nunca pode se inclinar mais do que 45° em relação à vertical. Tal linha de mundo é chamada de *curva temporal* (Figura 26b). Qualquer evento — ponto no espaço-tempo — tem associado a ele um *cone de luz*, formado pelas duas linhas diagonais inclinadas a 45° que passam através dele. Isso é chamado de cone porque, quando o espaço tem duas dimensões, a superfície correspondente é, na verdade, um (duplo) cone. A região dianteira contém o *futuro* do evento, todos os pontos no espaço-tempo que ele teria possibilidade de influenciar; a região traseira é o *passado*, os eventos que teriam tido possibilidade de influenciá-*lo*. Tudo o mais é território proibido, outros lugares e outros tempos que não têm conexões causais possíveis com o evento escolhido.

"Pois bem, o teorema de Pitágoras nos diz que, no espaço comum, a distância entre dois pontos com coordenadas (x, y, z) e (X, Y, Z) é a raiz quadrada da quantidade

$$(x - X)^2 + (y - Y)^2 + (z - Z)^2.$$

"Na relatividade restrita, há uma quantidade análoga, chamada de *intervalo* entre eventos (x, t) e (X, T); ela é

$$(x - X)^2 - (t - T)^2.$$

"Note o sinal de menos: o tempo é especial. Foi aí que seu amigo H.G. Wells errou. O tempo é uma outra dimensão, mas não se assemelha às dimensões espaciais, embora possa se misturar com elas, até certa medida, como explicarei daqui a pouco. De todo modo, o ponto principal a compreender é que, ao longo das linhas de uma inclinação de 45° em que $(x - X)^2 = (t - T)^2$, de modo que $x - X = t - T$ ou $x - X = T - t$, o intervalo é *zero*. Aquelas linhas de 45° são chamadas de *curvas nulas*."

"Entendo isso. Estudei a geometria de monsieur Descartes. Mas o que esse 'intervalo' representa?"

Eu expliquei a ele que o intervalo está relacionado ao ritmo aparente da passagem do tempo para um observador em movimento. Quanto mais depressa um objeto se move, mais devagar o tempo parece passar sobre ele. Esse efeito é chamado de *dilatação do tempo*. À medida que você se aproxima de uma curva nula — isto é, viaja cada vez mais perto da velocidade da luz —, a passagem do tempo que experimenta tende a zero. Se pudesse viajar *na* velocidade da luz, o tempo ficaria congelado. Nenhum tempo passa num fóton.

"Parece-me que o tempo é algo mutável segundo essa teoria", disse o Viajante no Tempo, pensativo.

"É verdade. De fato, em 1911, Paul Langevin assinalou uma curiosa característica da relatividade restrita, conhecida como o *paradoxo dos gêmeos*. Suponha que (Figura 27) dois gêmeos, Rosencrantz e Guildenstern, nasceram na Terra. Rosencrantz passa toda a sua vida aqui, ao passo que Guildenstern viaja para fora da Terra numa velocidade quase igual à da luz e, depois, dá meia-volta e retorna para casa na mesma velocidade. Por causa da dilatação do tempo, somente seis anos (digamos) terão se passado no quadro de referência de Guildenstern, ao passo que no de Rosencrantz terão se passado quarenta."

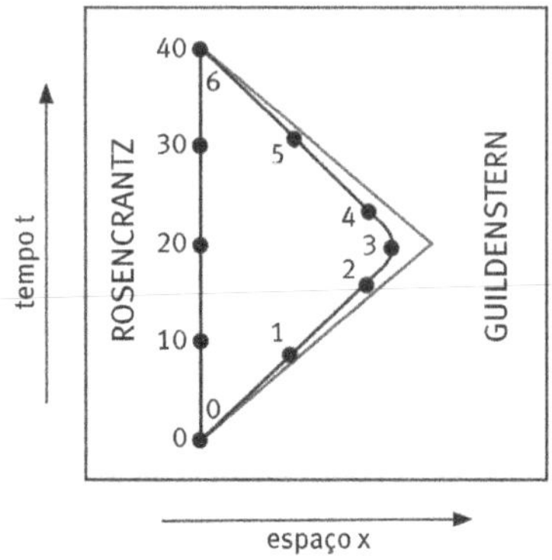

Figura 27. O paradoxo dos gêmeos.

"Mas sem dúvida as circunstâncias são perfeitamente simétricas", disse o Viajante no Tempo. "No quadro de referência de Guildenstern, é Rosencrantz que parece ter viajado quase na velocidade da luz. Assim, pelo mesmo argumento, é Rosencrantz que envelhece menos. E isso é absurdo."

"Por isso é considerado um paradoxo. Mas não é. Apenas parece paradoxal se não considerarmos realmente o diagrama do espaço-tempo, porque, nesse caso, podemos achar que não importa qual gêmeo é usado como o quadro 'fixo'. Mas o movimento de Guildenstern envolve aceleração (positiva e negativa), ao passo que o de Rosencrantz não — e isso destrói a aparente simetria entre os dois gêmeos. Aceleração *não* é uma quantidade relativa na teoria de Einstein. Como eu disse, 'relatividade' é um nome tolo."

O Viajante no Tempo balançou a cabeça lentamente — não consegui decifrar se ele não acreditava no que eu estava dizendo ou se estava estupefato diante da profundidade intelectual. "Mas isso é só uma teoria, é claro", disse ele, quase para si mesmo. "A realidade não é assim."

"'Teoria' tem dois sentidos", respondi. "Um deles poderia realmente ser uma 'hipótese', mas isto soa um pouquinho pretensioso. Significa uma ideia proposta para discussão e experimento. A expressão 'só uma teoria' cai como uma luva para esse sentido. Mas há outro: 'um corpo de conceitos e resultados que sobreviveu a uma longa série de testes experimentais rigorosos destinados a revelar quaisquer falhas que contivesse.' Não se pode descartar legitimamente nada que se assemelhe a *isso* com a palavra 'só'. 'Só uma ideia que sobreviveu a séculos de tentativas para derrubá-la...' Não, isso não funciona realmente, não é? Bem, seja como for, o efeito foi testado nos idos do final do século XX, transportando relógios atômicos em torno da Terra em jatos Jumbo."

"Entendi a palavra 'relógio', mas praticamente mais nada do resto da frase."

"Os relógios eram fantasticamente precisos, e foram transportados em torno de todo o planeta em máquinas voadoras muito rápidas. Claro que máquinas voadoras são tão lentas comparadas à luz que a diferença de tempo observada (e prevista) é apenas da mais minúscula fração de segundo."

"Hum", disse o Viajante no Tempo. "Máquinas voadoras?"

"O senhor tem uma máquina do *tempo*, que é muito mais difícil de construir. Acredite na minha palavra, meu amigo."

"Então, o senhor está me dizendo que 'o tempo é desconjuntado', para levar adiante seu tema shakespeariano. *Hamlet*", acrescentou ele após uma breve reflexão.

"Precisamente. Portanto deve ser possível tirar partido desse desconjuntamento para fabricar uma máquina do tempo."

"Exatamente como fiz."

"Sim. Mas sem seu dispositivo de marfim, o senhor terá de usar física convencional, o que significa relatividade. E, para isso, teremos de compreender a abordagem de Einstein à gravidade."

O Viajante no Tempo fitou-me, boquiaberto. "O que tem a gravidade a ver com viagem no tempo?"

Continua...

WEBSITES

H.G. Wells
http://en.wikipedia.org/wiki/The_Time_Machine
http://en.wikipedia.org/wiki/H._G._Wells

Relatividade restrita
http://en.wikipedia.org/wiki/Special_relativity
http://en.wikibooks.org/wiki/Special_Relativity

Descrição popular
http://www.phys.unsw.edu.au/einsteinlight

Paradoxo dos gêmeos
http://en.wikipedia.org/wiki/Twin_paradox
http://www.phys.unsw.edu.au/einsteinlight/jw/module4_twin_paradox.htm

- 8 -
Adiante rumo ao futuro 2: Buracos: negros, brancos e de minhoca

Resumo da história até aqui...

O Viajante no Tempo chegou ao escritório da Hawkrose & Penking Heavy Engineering. Sua máquina do tempo está seriamente avariada, e uma falta de elefantes torna qualquer conserto impossível. Apesar disso, Hawkrose & Penking talvez seja capaz de ajudá-lo. Ele foi informado sobre a relatividade restrita, em que a velocidade da luz é constante.

Agora, continue lendo...

O Viajante no Tempo fitou-me, boquiaberto: "O que tem a gravidade a ver com viagem no tempo?"

"Tudo. Embora eu admita que isso não é óbvio. Sabe, Einstein inventou outra teoria, chamada relatividade geral, que era uma síntese da gravitação newtoniana e da relatividade restrita. O senhor sabe o que Newton disse sobre a gravidade?"

"Sou um homem extremamente instruído, senhor. É uma força que afasta partículas das trajetórias em linha reta perfeita, que seguiriam de outra maneira. A força exercida por qualquer partícula de matéria varia inversamente ao quadrado da distância."

"Muito bem. Mas vamos pensar geometricamente. As trajetórias que as partículas seguem, na ausência de forças como a gravidade, são *geodésicas*. Isto é, são os caminhos mais curtos, minimizam a distância total entre seus pontos extremos. No espaço-tempo plano de Minkowski, as trajetórias relativísticas análogas minimizam não a distância, mas o intervalo. O problema é incorporar os efeitos da gravidade de maneira coerente. A solução de Einstein foi pensar na gravidade não como uma força extra, mas como uma distorção da estrutura de espaço-tempo, que muda o valor do intervalo. Esse intervalo variável entre eventos próximos é chamado de *métrica* do espaço-tempo. A imagem usual é dizer que o espaço-tempo fica 'curvado'."

"Curvado em volta do quê?"

"Não fica curvado em volta de nada. Fica apenas intrinsecamente distorcido em comparação com o espaço-tempo plano. Você também poderia perguntar 'plano ao longo do quê?' a respeito do espaço euclidiano. A curvatura é interpretada fisicamente como a força da gravidade, e faz com que cones de luz se deformem. Um resultado é chamado de 'distorção gravitacional', a curvatura da luz por objetos de grande massa, que Einstein descobriu em 1911 e publicou em 1915. O efeito foi observado pela primeira vez durante um eclipse do Sol. Mais recentemente, descobriu-se que alguns quasares distantes — objetos cosmológicos muito poderosos e muito distantes — produzem imagens múltiplas em telescópios, porque sua luz é distorcida por uma galáxia interveniente."

A Figura 28 ilustra esta ideia mostrando uma seção do tipo espacial do espaço-tempo (de fato, uma seção tomada num instante "fixo" do tempo, mas a descrição real é mais técnica, porque os efeitos relativísticos implicam que "instante fixo" não faz nenhum sentido em locais diferentes) perto de uma estrela. Ela toma a forma de uma superfície curva que se dobra para baixo para criar um vale circular, no qual a estrela se situa. Essa estrutura de espaço-tempo é *estática*: permanece exatamente a mesma à medida que o tempo passa. A luz segue geodésicas através da superfície, e é "puxada para baixo" em direção ao buraco, porque essa trajetória fornece um atalho. Partículas movendo-se no espaço-tempo em velocidades inferiores à da luz se comportam da mesma maneira. Se você olhasse essa figura de cima, veria que as partículas não seguem mais linhas retas, mas são "puxadas em direção" à estrela, daí a imagem newtoniana de uma força gravitacional.

"Longe da estrela", eu lhe disse, "esse espaço-tempo está, de fato, muito próximo do espaço-tempo de Minkowski; isto é, o efeito gravitacional declina rapidamente e logo se torna desprezível. Diz-se que os espaços-tempos que se parecem com o espaço-tempo de Minkowski a grandes distâncias são *assintoticamente planos*. Lembre-se desta expressão: ela é importante para a fabricação de máquinas do tempo. A maior parte do nosso próprio Universo é assintoticamente plana, porque corpos com grandes massas, como as estrelas, são espalhados de maneira muito esparsa."

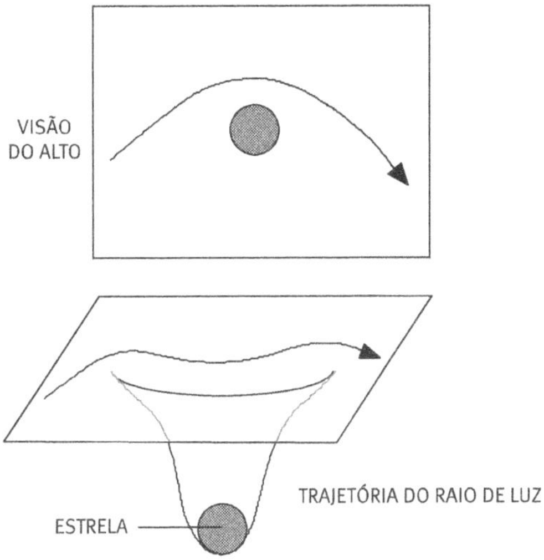

Figura 28. Curvatura da luz pela gravidade.

O Viajante no Tempo digeriu essa informação. "Então posso dar ao espaço-tempo qualquer forma que eu quiser? Isso soa implausivelmente flexível."

"Não. Ao estabelecer um espaço-tempo, não podemos simplesmente curvar as coisas a nosso bel-prazer. A métrica deve obedecer às *equações de Einstein*, que relacionam o movimento de partículas que se movem livremente com o grau de distorção que as afasta do espaço-tempo 'plano' de Minkowski."

"Entendo. Há uma conexão entre a distribuição de massas dentro do espaço-tempo e a estrutura do próprio espaço-tempo. Como se a matéria criasse e moldasse seu próprio espaço e tempo."

"O senhor pesca as coisas muito depressa. Einstein levou anos. De todo modo, agora posso explicar como os físicos do século XX interpretaram a expressão 'máquina do tempo' dentro do quadro de referência da relatividade geral." Pude ver o interesse dele crescer de repente. Não estava mais ouvindo apenas por educação. "A máquina do tempo permite a uma partícula ou objeto retornar a seu próprio passado, de modo que sua linha de mundo, uma curva temporal, deve se fechar num anel. Uma máquina do tempo nada mais é que uma *curva temporal fechada*, abreviada como CTF. Em vez de perguntar se é possível viajar no tempo, perguntamos se CTFs podem existir."

O Viajante no Tempo debruçou-se para a frente, muito nervoso; seus olhos estreitaram-se. "*E podem?*"

"Bem, no espaço-tempo plano de Minkowski, não. Cones de luz para a frente e para trás — o futuro e passado de dado evento — nunca se interceptam. Mas podem se interceptar em outros tipos de espaço-tempo. O exemplo mais simples toma o espaço-tempo de Minkowski e o enrola num cilindro (Figura 29). Em seguida, a coordenada do tempo torna-se cíclica."

"Está querendo dizer que a história se repete infinitamente, como na mitologia hindu?"

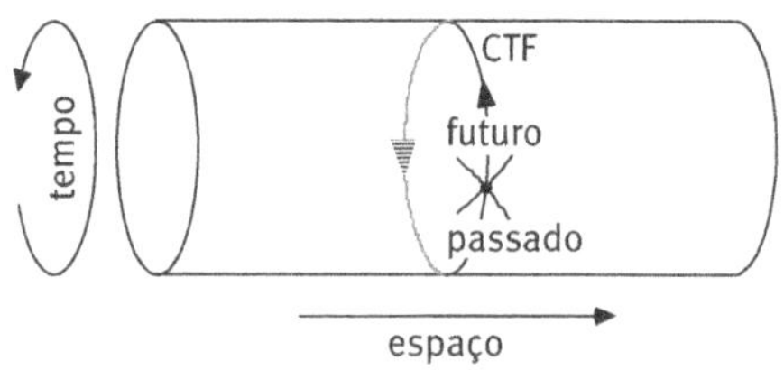

Figura 29. Exemplo simples de um espaço-tempo com uma CTF.

"Mais ou menos isso. O *espaço-tempo* se repete; o que acontece com a história depende de você achar que o livre-arbítrio pode estar atuando ou não. É uma questão complicada, da qual as equações de Einstein realmente não tratam. Elas governam apenas um esboço da estrutura do espaço-tempo.

"Embora um espaço-tempo cilíndrico *pareça* curvo, na realidade o espaço-tempo correspondente *não* é curvo — não no sentido gravitacional. Quando você enrola uma folha de papel num cilindro, ela não se *distorce*.

Você pode aplainá-la novamente e o papel não estará dobrado nem enrugado. Uma criatura que estivesse confinada puramente à superfície desse papel teria tido dificuldade em notar que ela fora curvada, porque as distâncias *na* superfície não teriam mudado — a menos que, por acaso, ela desse toda a volta em torno do cilindro. Em suma, a métrica — uma propriedade local da estrutura do espaço-tempo *perto* de um dado evento — não muda. O que muda é a geometria global do espaço-tempo, sua *topologia* geral."

O Viajante no Tempo suspirou. "Mais uma palavra nova."

"Topologia é um tipo flexível de geometria — estuda as propriedades das formas que persistem quando a forma é deformada de maneira contínua. Como a presença de buracos, digamos, ou nós."

"Ah. No meu tempo, isso era chamado de *analysis situs*, a análise da posição. Era algo muito novo, que só poucos matemáticos especializados conheciam."

"Bem, agora é muito antigo, muito respeitado e conhecida por todas as crianças antes que elas deixem o tanque de gestação. Enrolar o espaço-tempo de Minkowski é um truque topológico poderoso para construir novos espaços-tempos a partir de velhos: *corte e cole*. Se você puder cortar pedaços de espaços-tempos conhecidos e colá-los uns nos outros sem distorcer sua métrica, o resultado é também um espaço-tempo possível."

"O senhor está falando metaforicamente, é claro."

"Bem, até pouco tempo atrás eu teria concordado. Mas quando a Hawkrose & Penking se define como uma companhia de 'engenharia pesada', ela realmente quer dizer *pesada. Extremamente* pesada. Mas estou me adiantando."

"Como eu", disse ele, muito sério. Eu ri, e não só por educação: no lugar dele, teria tido dificuldade em fazer piada, por pior que fosse.

"Digo 'distorcer a métrica', e não 'curvar', exatamente pela mesma razão que me leva a dizer que o espaço-tempo enrolado de Minkowski *não* é curvo. Estou falando sobre curvatura intrínseca, tal como experimentada por uma criatura que viva no espaço-tempo; não sobre curvatura aparente, tal como vista de fora. Uma curvatura aparente desse tipo é 'inofensiva' — não muda realmente a métrica. Pois bem, a versão enrolada do espaço-tempo de Minkowski é uma maneira muito simples de provar que espaços-tempos que obedecem às equações de Einstein *podem* possuir CTFs — e, portanto, que a viagem no tempo não é incompatível com a física atualmente conhecida. Mas isso não implica que ela seja *possível*."

"Estou entendendo. Há uma diferença muito importante entre o que é matematicamente possível e o que é fisicamente exequível."

Ele era perspicaz, tenho de admitir. "Sim. Um espaço-tempo é matematicamente possível se obedecer às equações de Einstein. É fisicamente exequível se puder existir, ou se puder ser criado, como parte de nosso próprio Universo. É aí que a engenharia pesada entra em ação. Infelizmente para o senhor, não há razão para supor que o espaço-tempo enrolado de Minkowski seja fisicamente exequível: sem dúvida seria difícil remodelar o Universo dessa forma, se ele já não estivesse dotado de tempo cíclico. A busca de espaços-tempos que possuam CTFs *e* que sejam plausíveis fisicamente é uma busca por topologias mais plausíveis. Há muitas topologias matematicamente possíveis, mas não podemos chegar a todas elas a partir daqui.

"No entanto, podemos chegar a algumas extremamente interessantes. Na mecânica newtoniana clássica, não há limite para a velocidade de um objeto em movimento. Partículas podem escapar da atração de uma massa, por mais forte que seja seu campo gravitacional, movendo-se mais depressa que a velocidade de escape apropriada. Num artigo apresentado à Royal Society em 1783, John Michell observou que esta ideia, combinada com a de uma velocidade finita da luz, implica que objetos com massa suficientemente grande não podem emitir luz nenhuma — porque a velocidade da luz será inferior à velocidade de escape. Em 1796, Pierre Simon Laplace repetiu essas observações em sua *Exposição do sistema do mundo*. Ambos imaginavam que o Universo poderia estar repleto desses corpos imensos, maiores que estrelas, porém totalmente escuros."

"Essa é realmente uma ideia muito curiosa."

"Tem razão. Eles estavam ambos um século à frente de seu tempo. Em 1915, Karl Schwarzschild deu o primeiro passo para responder a uma questão análoga dentro do contexto da relatividade geral, quando resolveu as equações de Einstein para o campo gravitacional em torno de uma esfera de grande massa num vácuo. Sua solução comportou-se de maneira muito estranha a uma distância crítica do centro da esfera, hoje chamada de *raio de Schwarzschild.* Quando ele foi descoberto, sua significação matemática parecia ser que o espaço e o tempo perdiam sua identidade na solução de Schwarzschild e se tornavam sem sentido. No entanto, o raio de Schwarzschild para a massa do Sol é de 2km e para a da Terra é de 1cm — medidos a partir do centro, de modo que está tão profundamente enterrado que não seria possível chegar lá para ver se alguma coisa interessante tinha acontecido. O que aconteceria com uma estrela que fosse tão densa que se situasse dentro de seu próprio raio de Schwarzschild? Ninguém sabia.

"Então, em 1939, Robert Oppenheimer e Hartland Snyder mostraram que tal estrela desmoronaria sob sua própria atração gravitacional. De fato, toda uma porção do espaço-tempo desmoronaria para formar uma região da qual nenhuma matéria, nem mesmo a luz, poderia escapar. Esta foi a origem de um novo e empolgante conceito físico. Em 1967, John Archibald Wheeler cunhou a expressão 'buraco negro', e, assim, o novo conceito foi batizado."

O desenvolvimento, ao longo do tempo, de um buraco negro estático — que não gire — é mostrado na Figura 30, em que o espaço é representado como bidimensional e o tempo corre verticalmente de baixo para cima. Uma distribuição inicial radialmente simétrica da matéria (o círculo sombreado) reduz-se ao raio de Schwarzschild, e depois continua a encolher até que, após um tempo finito, toda a massa tenha desmoronado num único ponto, a singularidade. De fora, a única coisa que pode ser detectada é o *horizonte de eventos* no raio de Schwarzschild, que separa a região da qual a luz pode escapar daquela para sempre inobservável a partir de fora. Dentro do horizonte de eventos esconde-se o buraco negro.

A Figura 30a é a sequência de eventos vista por um observador hipotético, na superfície da estrela, e a coordenada de tempo t é aquela experimentada por esse observador. Se você observasse o colapso a partir de fora, veria a estrela encolhendo, em direção ao raio de Schwarzschild, mas nunca a veria chegar lá. À medida que ela diminui, sua velocidade de colapso tal como vista de fora se aproxima da velocidade da luz, e a dilação relativística do tempo implica que todo o colapso é infinitamente longo quando visto por um observador externo, como na Figura 30b. No entanto, você veria a luz emitida pela estrela se deslocando cada vez mais profundamente para a extremidade vermelha do espectro. Dentro de um buraco negro, os papéis de espaço e tempo são invertidos. Assim como o tempo aumenta inexoravelmente no mundo externo, o espaço diminui inexoravelmente dentro do buraco negro.

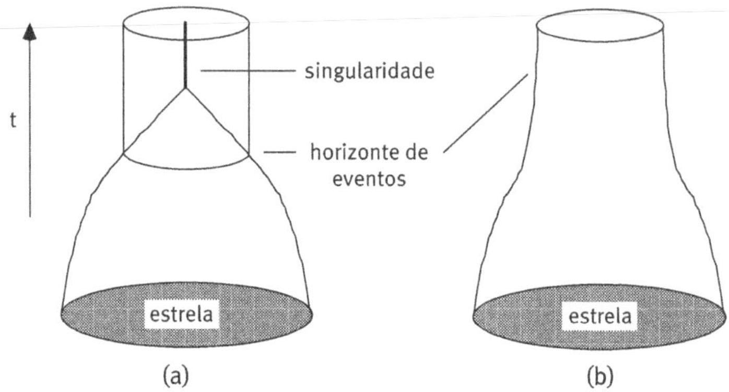

Figura 30. Formação de um buraco negro tal como vista por (a) um observador na superfície da massa colapsante e por (b) um observador externo.

"É aí que surge o campo para a engenharia", disse eu. "Hawkrose & Penking desenvolveram toda uma bateria de técnicas, desde o alargamento com espuma quântica até o cálculo das improbabilidades. Como a topologia do espaço-tempo de um buraco negro é assintoticamente plana — como o espaço-tempo de Minkowski a grandes distâncias —, ela pode ser cortada e colada no espaço-tempo de qualquer Universo que tenha regiões assintoticamente planas razoavelmente grandes, como o nosso. Isso torna a topologia do buraco negro fisicamente plausível em nosso Universo. Na realidade, o cenário do colapso gravitacional a torna ainda mais plausível: precisamos apenas começar com uma concentração suficientemente grande de matéria, como uma estrela de nêutrons ou o centro de uma galáxia. É a isso que me refiro com a expressão engenharia pesada. A tecnologia do século XXXI é capaz de *construir* buracos negros. Usamos processadores de matéria — principalmente estrelas de nêutrons modificadas, com armadilhas gravitacionais e pesados compressores a laser.

"No entanto, um buraco negro estático não possui CTFs. O passo seguinte é observar que as equações de Einstein são reversíveis no tempo: a cada solução corresponde outra exatamente igual, com a diferença de que o tempo corre para trás. A inversão do tempo num buraco negro é um *buraco branco*, e ele se parece com a Figura 30 virada de cabeça para baixo. Um horizonte de eventos comum é uma barreira da qual nenhuma partícula pode escapar; um horizonte temporalmente invertido é aquele em que nenhuma partícula pode cair, mas do qual partículas podem ser emitidas de tempos em tempos. Assim, visto de fora, um buraco branco pareceria a súbita explosão de uma quantidade de matéria equivalente à de uma estrela, vindo de um horizonte de eventos temporalmente invertido."

"Por que a singularidade dentro de um buraco branco decide subitamente lançar uma estrela, tendo permanecido inalterada desde o início dos tempos?" protestou o Viajante no Tempo.

"Boa observação. Faz sentido que uma concentração inicial de matéria desmorone, se for suficientemente densa, e que, dessa maneira, forme um buraco negro; mas o inverso parece violar a causalidade. Não o faz, é claro — mas a causa situa-se fora de nosso Universo, por isso não vemos o resultado se aproximando. Vamos apenas admitir que buracos brancos são uma possibilidade matemática, e notar que eles também são assintoticamente planos. Assim, se soubéssemos fazer um, poderíamos colá-lo simplesmente no nosso próprio Universo. A Hawkrose & Penking acaba de desenvolver um método eficiente para fazer isso, baseado no princípio da incerteza. Usamos um amplificador de Heisenberg para tornar a posição da matéria tão incerta que ela pode, com certeza, estar completamente fora do Universo normal, e depois podemos ligar um cronocatóptron para persuadir todas as coisas a acontecerem em tempo inverso, já que o sistema não sabe em que referencial de tempo deveria estar.

"Não só isso: podemos colar um buraco negro e um buraco branco um no outro. Nós os cortamos com um cosmótomo ao longo de seu horizonte de eventos e costuramos as bordas dos dois com matéria escura fria." Ignorei o olhar perplexo do Viajante no Tempo. "O resultado — mais precisamente uma seção espacial fixa dele — é mostrado na Figura 31: uma espécie de tubo. A matéria pode passar através do tubo em apenas uma direção: para dentro do buraco negro e para fora do branco. É uma espécie de válvula de matéria. A passagem através da válvula é realizada seguindo-se uma curva temporal, porque partículas materiais podem realmente atravessá-la.

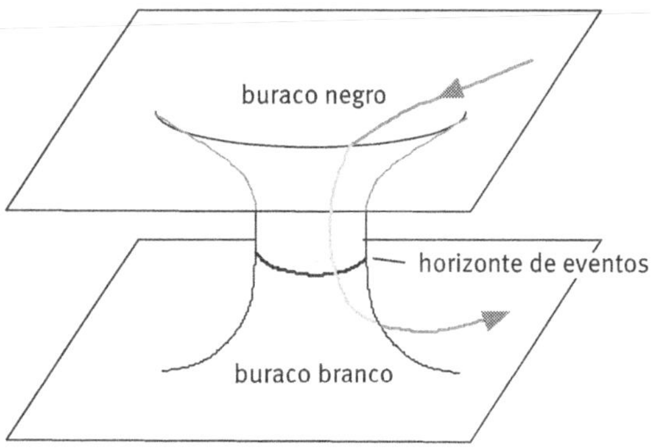

Figura 31. Um buraco de minhoca.

"Como a topologia da Figura 31 é assintoticamente plana nas duas extremidades do tubo, ambas podem ser coladas em qualquer região assintoticamente plana de qualquer espaço-tempo. Poderíamos colar uma extremidade em nosso Universo e a outra no de alguém mais. Ou poderíamos colar as duas extremidades no nosso — *em qualquer lugar que quisermos* (exceto perto de uma concentração de matéria). Agora temos um *buraco de minhoca.*

"A Hawkrose & Penking faz os melhores buracos de minhoca do Universo", eu disse com orgulho. "São chamados de buracos de minhoca porque parecem os buracos que uma larva fura numa maçã. A diferença é que, neste caso, a maçã é — bem, não tanto o espaço-tempo, mas tudo que *não* é espaço-tempo." Um buraco de minhoca é mostrado esquematicamente na Figura 32; mas você deve lembrar que a distância *através* do buraco de minhoca é muito pequena, ao passo que a existente entre as duas aberturas, através do espaço-tempo normal, pode ser tão grande quanto você quiser.

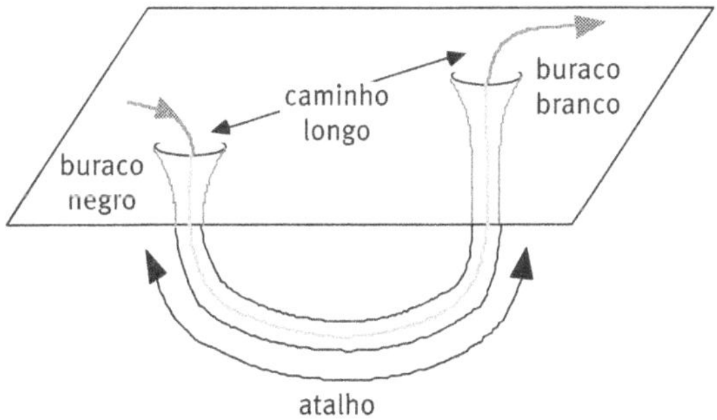

Figura 32. Uso de um buraco de minhoca como transmissor de matéria. (O comprimento do buraco de minhoca está exagerado na figura porque ela foi desenhada no espaço-tempo normal. Ele pode ser, de fato, muito curto, mesmo que as extremidades estejam muito distantes no espaço-tempo "normal", porque a distância é intrínseca ao espaço-tempo no buraco de minhoca.)

"Entendo. Um buraco de minhoca é um atalho através do Universo."

"Isso mesmo", respondi. "Mas isso é *transmissão de matéria*, e não viagem no tempo."

"Apesar disso, tem alguma conexão com viagem no tempo?" perguntou o Viajante no Tempo muito aflito, com os dedos trêmulos.

"Bem", disse eu, "isso seria *notável*..."

Continua...

WEBSITES

Buracos negros

http://en.wikipedia.org/wiki/Black_hole

http://hubblesite.org/explore_astronomy/black_holes/home.html

http://cosmology.berkeley.edu/Education/BHfaq.html

Buracos brancos

http://casa.colorado.edu/~ajsh/schww.html

http://en.wikipedia.org/wiki/White_hole

http://en.wikipedia.org/wiki/White_Hole_(Red_Dwarf_episode)

Buracos de minhoca

http://en.wikipedia.org/wiki/Wormhole

http://casa.colorado.edu/~ajsh/schww.html

– 9 –
Adiante rumo ao futuro 3: A volta (interessada) ao passado

Resumo da história até aqui...

Em relatividade, "máquina do tempo" significa "curva temporal fechada" ou CTF. Nada nas leis conhecidas da física proíbe tais coisas. A Hawkrose & Penking pode pegar um buraco negro e um buraco branco e juntá-los para formar um buraco de minhoca. Mas isso é transmissão de matéria, e não viagem no tempo. Não é?

Agora continue lendo...

Ficamos olhando meu desenho de um buraco de minhoca (Figura 32) em busca de inspiração. "O senhor compreende", disse eu ao Viajante no Tempo, "que as pessoas costumavam pensar na viagem no tempo como uma impossibilidade teórica, uma contradição nos termos?"

"Está se referindo ao antigo e venerável 'paradoxo do avô'?"

"Bem, ele tinha mesmo uma barba impressionante, mas — oh, perdão, eu o compreendi mal."

"As pessoas levantaram exatamente essa objeção à minha máquina do tempo."

"Sim, a ideia remonta a uma história de René Barjavel, *Le voyageur imprudent*. Um sujeito volta atrás no tempo e mata o próprio avô, mas, como o pai dele não nasceu, ele muito menos. Então, ele *não pode* voltar atrás para matá-lo..."

"Portanto, ele não fez isso, portanto nasceu, portanto viajou no tempo para matá-lo, portanto..."

"Isso mesmo."

"Só levei essa objeção a sério depois de ter fabricado minha máquina", disse o Viajante no Tempo. "Perguntei a mim mesmo... as pessoas perguntaram... mas não, eu gostava muito do velhinho, sabe."

"Nem pense nisso", disse eu. "Se pensar sobre o problema usando mecânica quântica, poderá ver facilmente que ele não existe."

"Mecânica de que tipo?"

"Quântica. Foi descoberta depois do seu tempo. A mecânica quântica, a física subjacente à matéria, é indeterminada. Muitos eventos, como o decaimento de um átomo radioativo, são aleatórios. Uma maneira de tornar essa indeterminação matematicamente respeitável é a interpretação dos 'muitos mundos', inventada por Hugh Everett Jr. Essa visão do Universo é bem conhecida pelos leitores de ficção científica: nosso mundo é apenas um de uma família infinita de 'mundos paralelos', em que todas as combinações de possibilidades ocorrem. Em 1991, David Deutsch observou que, graças à interpretação dos muitos mundos, a mecânica quântica não apresenta nenhum obstáculo ao 'livre-arbítrio'. Além disso — outra metáfora comum da ficção científica —, o paradoxo do avô deixa de ser paradoxal, porque o avô será (ou terá sido) morto num mundo paralelo, não no original."

O Viajante no Tempo digeriu isso por um momento. "Isso é motivo para alguma preocupação", disse ele. "Se eu voltar de fato para meu tempo original, como poderei saber se fui acidentalmente transportado para um Universo paralelo?"

"Não se preocupe", respondi. "Segundo a interpretação dos muitos mundos, é isso que estamos fazendo cada vez que nossos átomos constituintes escolhem mudar ou não seu estado quântico. O que, para ser franco, é o tempo todo. O senhor está mudando perpetuamente de qualquer Universo em que, porventura, esteja naquele momento, para outro paralelo — um para cada escolha possível de estado."

"Para ser franco, não estou convencido de que sua tentativa de me tranquilizar seja das mais confortadoras."

Mal pude ouvi-lo. Havia uma ideia fermentando no meu cérebro; eu podia sentir que meu subconsciente tentava me dizer algo. Mas o Viajante no Tempo estava tão ansioso para encontrar um caminho de volta para casa que não pude obter suficiente paz de espírito para que ela brotasse no pensamento consciente...

"Acho que deveríamos esquecer essa história de mecânica quântica", disse ele, "e retornar a uma pergunta simples. Há alguma conexão entre buracos de minhoca e máquinas do tempo?"

É claro! Será que era *isso* que meu subconsciente estava tentando me dizer? Não, eu tinha a estranha sensação de que a tal coisa envolvia dinheiro...

"Sem dúvida", respondi. "Isso foi observado nos idos de 1988, quando Michael Morris, Kip Thorne e Ulvi Yurtsever compreenderam que poderiam combinar um buraco de minhoca com o paradoxo do gêmeo para obter uma CTF. Tinha me esquecido disso até o senhor perguntar. A ideia é deixar a extremidade branca do buraco de minhoca fixa, e rebocar a negra (ou arrastá-la em zigue-zague de um lado para outro) numa velocidade pouco menor que a da luz."

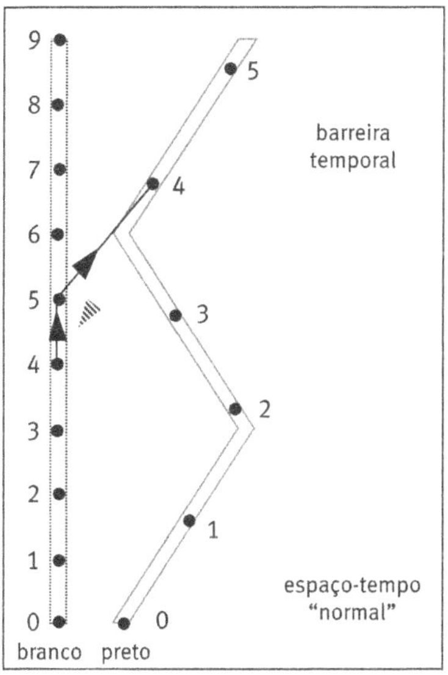

Figura 33. A transformação de um buraco de minhoca numa máquina do tempo.

A Figura 33 mostra como isso conduz à viagem no tempo. A extremidade branca do buraco de minhoca permanece estática, e o tempo transcorre em seu ritmo normal, mostrado pelos números. A extremidade negra ziguezagueia de um lado para outro a uma velocidade pouco menor que a da luz; assim, a dilatação do tempo entra em ação, e o tempo passa mais lentamente para um observador que se move com essa extremidade. Pense em linhas de mundo que unem os dois buracos de minhoca através do espaço normal, de modo que o tempo experimentado por observadores em cada extremidade seja o mesmo: linhas que unem pontos com os mesmos números. A princípio, essas linhas inclinam menos de 45°, de modo que não são temporais, e partículas materiais não podem correr ao longo delas. Em algum instante, porém, nesse caso no tempo 3, a linha alcança uma inclinação de 45°. Depois que essa "barreira temporal" é transposta, é possível viajar da extremidade branca do buraco de minhoca para a negra através do espaço normal — seguindo uma curva temporal. Um exemplo de uma linha de mundo assim corre do ponto 5, na extremidade branca do buraco de minhoca, para o ponto 4, na negra. Uma vez lá, a pessoa pode retornar *através* do buraco de minhoca, novamente ao longo de uma curva temporal; e, como isto é um atalho, é possível percorrê-lo num período de tempo muito curto, viajando instantaneamente do ponto 4, na extremidade negra, para o ponto 4 correspondente, na branca. Este é exatamente o mesmo lugar de onde a pessoa partiu, mas um ano *antes*! Ela viajou no tempo. Esperando um ano, ela pode fechar a CTF e acabar no mesmo lugar e tempo em que começou. Observe que as "extremidades" correspondentes do buraco de minhoca *não* são aquelas com a mesma coordenada t no espaço de Minkowski, mas aquelas com o mesmo "tempo transcorrido" para um observador que se move com elas, como ilustrado pelas figuras.

Você pode fazer seu próprio buraco de minhoca em casa. Pegue um saco de lixo e corte o fundo. Deixe uma ponta fixa e imagine que a outra está oscilando para cá e para lá pouco abaixo da velocidade da luz, de modo que o tempo dentro dela se desacelera. Quando a extremidade solta do saco se aproximar, ande para ela. Quando chegar, essa ponta do saco estará no seu próprio passado. Suba por ela, e estará voltando no tempo.

Isto é, se sua imaginação for vívida o suficiente.

A distância real que você tem de percorrer através do espaço comum não precisa ser enorme: depende da distância que a extremidade certa do buraco de minhoca tem de percorrer em cada trecho de sua trajetória em zigue-zague. No espaço de mais de uma dimensão, ela pode espiralar em vez de se mover em zigue-zague, o que corresponde a fazer a extremidade negra seguir uma órbita circular numa velocidade próxima à da luz. Você poderia conseguir isso instalando um par binário de buracos negros, girando rapidamente em torno de um centro de gravidade comum.

"Quanto mais avançado no futuro estiver seu ponto de partida, mais atrás no passado o senhor conseguirá chegar em sua viagem a partir desse ponto", eu disse ao Viajante no Tempo.

"Maravilhoso! Posso esperar vários anos, se necessário."

"Ah", disse eu. "Há um imprevisto desagradável. Nunca se pode viajar para o passado além da barreira do tempo, e isso ocorre algum tempo *depois* que se construiu o buraco de minhoca. O senhor não pode ter esperança de retornar a seu tempo de origem." Ele ficou decepcionadíssimo. Eu também. Finalmente conseguira desvendar o que meu subconsciente estava tentando me dizer. Realmente envolvia dinheiro. Mas sofria da mesma falha.

"Há um outro problema também", eu disse. "O Departamento de Pesquisa e Desenvolvimento da Hawkrose & Penking está trabalhando nele, mas até agora só temos um protótipo de laboratório. A questão é: é realmente possível *construir* um dispositivo como esse? Pode-se de fato atravessar o buraco de minhoca? Podemos construir um buraco de minhoca, sem dúvida, e mover sua extremidade para cá e para lá. Isso é só uma questão de criar campos gravitacionais intensos, nossa especialidade.

"Mas o problema que mais me importuna é o que chamo de 'efeito portinhola para gatos'. Quando movemos uma massa através de um buraco de minhoca, ele tende a se fechar atrás de nós. O resultado é que, para atravessar sem ficar com o rabo preso, é preciso viajar numa velocidade maior que a da luz, e isso não é bom."

"Por quê?"

"A maneira mais fácil de ver isso é representar a geometria do espaço-tempo usando um *mapa de Penrose*, inventado pelo físico matemático do século XX Roger Penrose. Quando desenhamos um mapa da Terra numa folha plana de papel, temos de distorcer as coordenadas — por exemplo, linhas de longitude podem se tornar curvas. O mapa de Penrose de um espaço-tempo também distorce as coordenadas; mas é feito de tal modo que os cones de luz não mudam — continuam correndo em ângulos de 45°. A Figura 34 mostra um mapa de Penrose de um buraco de minhoca. Toda trajetória temporal que começa na entrada do buraco de minhoca, tal como a linha sinuosa mostrada, deve correr para a singularidade futura. Não há nenhuma maneira de chegar até a saída sem exceder a velocidade da luz."

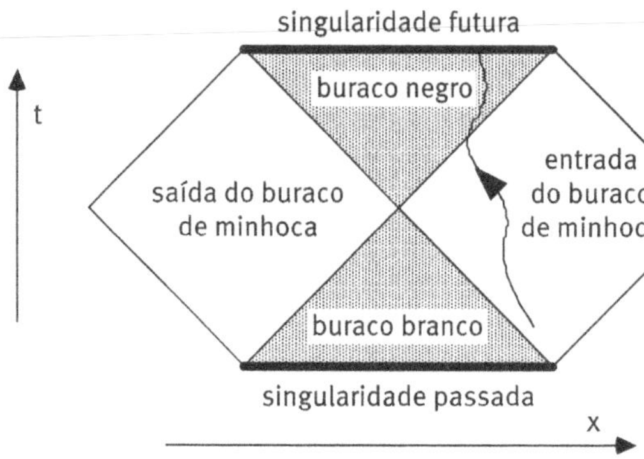

Figura 34. Mapa de Penrose de um buraco de minhoca.

"O que, segundo o senhor me disse, é impossível", afirmou o Viajante no Tempo.

"Bem, talvez não. Temos esperança de contornar essa dificuldade atravessando o buraco de minhoca com *matéria exótica*, exercendo uma enorme pressão negativa, como uma mola esticada. Mas, em 1991, Matt Visser sugeriu uma geometria alternativa para um buraco de minhoca benigno, e vamos pô-la à prova assim que tivermos encontrado uma boa fonte de matéria exótica. A ideia é cortar dois cubos idênticos no espaço e colar suas faces correspondentes uma na outra. Depois reforçaremos as bordas do cubo com matéria exótica."

"Parece complicado", disse o Viajante no Tempo.

"Sem dúvida é. Esse é o ofício dos engenheiros. Fazer coisas complicadas funcionarem. No entanto, há um método mais antiquado que elimina a necessidade de matéria exótica. E, como ele não envolve a *construção* de um buraco de minhoca, não há efeito de barreira do tempo. A pessoa pode voltar a qualquer tempo que quiser. Dependendo da carta que a natureza tenha na manga." Muito dinheiro, se tivermos sorte...

"Não estou conseguindo acompanhá-lo", disse o Viajante no Tempo, interrompendo meus lindos devaneios.

"Estou falando sobre usar uma máquina do tempo que ocorra naturalmente. Um buraco negro *giratório*. Formado quando uma estrela giratória desmorona gravitacionalmente. A solução de Schwarzschild para as equações de Einstein corresponde a um buraco negro *estático*, formado pelo colapso de uma estrela não giratória. Em 1962, Roy Kerr resolveu as equações para um buraco negro giratório, hoje conhecido como *buraco negro de Kerr*. (Há dois outros tipos de buraco negro: o buraco negro de Reissner-Nordstrøm, que é estático, mas tem carga elétrica, e o buraco negro de Kerr-Newman, que gira e tem carga elétrica.) É quase um milagre que exista uma solução explícita — e sem sombra de dúvida um milagre que Kerr tenha sido capaz de encontrá-la. Ela é extremamente complicada e *nada* tem de óbvia. Mas suas consequências são espetaculares.

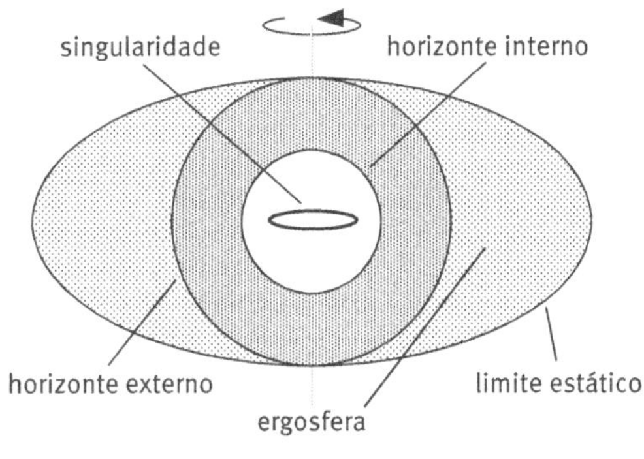

Figura 35. Seção transversal de um buraco negro giratório.

"Uma é que não há mais uma singularidade pontual dentro do buraco negro. Em vez disso, há uma singularidade que é um anel circular, no plano de rotação (Figura 35). Num buraco negro estático, toda a matéria deve desmoronar na singularidade; num buraco negro giratório, porém, isso não é necessário. Ela pode viajar acima do plano equatorial ou passar através do anel. O horizonte de eventos também se torna mais complexo; na verdade, divide-se em dois. Sinais ou matéria que penetrem o *horizonte externo* não podem sair novamente; sinais ou matéria emitidos pela própria singularidade não podem viajar para além do *horizonte interno*. Mais longe ainda, porém tangente ao horizonte externo nos polos, está o *limite estático*. Fora disso, partículas podem se mover à vontade. Dentro, devem girar na mesma direção que o buraco negro, embora ainda possam escapar movendo-se radialmente. Entre o limite estático e o horizonte externo está a *ergosfera*. Se lançarmos um projétil dentro da ergosfera, e o dividirmos em dois pedaços, um sendo capturado pelo buraco negro e um escapando, podemos extrair parte da energia rotacional do buraco negro.

"A mais espetacular de todas as consequências, no entanto, é o mapa de Penrose de um buraco negro de Kerr, mostrado na Figura 36. Os losangos brancos representam regiões assintoticamente planas do espaço-tempo — uma em nosso Universo e várias outras que não precisam estar nele. A singularidade é mostrada como um sistema de linhas quebradas, indicando que é possível passar através dela (atravessando o anel). Mais além das singularidades situam-se Universos antigravidade, nos quais as distâncias são negativas e a matéria repele outra matéria. Qualquer corpo nessa região será arremessado para fora da singularidade, rumo a distâncias infinitas. Várias trajetórias legais (isto é, que não excedem a velocidade da luz) são mostradas como caminhos curvos. Elas conduzem, através do buraco de minhoca, para qualquer de suas saídas alternativas. O traço mais espetacular de todos, porém, é que isto é apenas parte do diagrama completo. Isto se repete indefinidamente na direção vertical, fornecendo um *número infinito* de entradas e saídas possíveis.

"Se usássemos um buraco negro giratório em vez de um buraco de minhoca e rebocássemos suas entradas e saídas de um lugar para outro, numa velocidade próxima à da luz, com equipamento da H&P para processar matéria, obteríamos uma máquina do tempo muito mais prática — uma máquina com a qual atravessaríamos o buraco sem precisar correr em direção à singularidade."

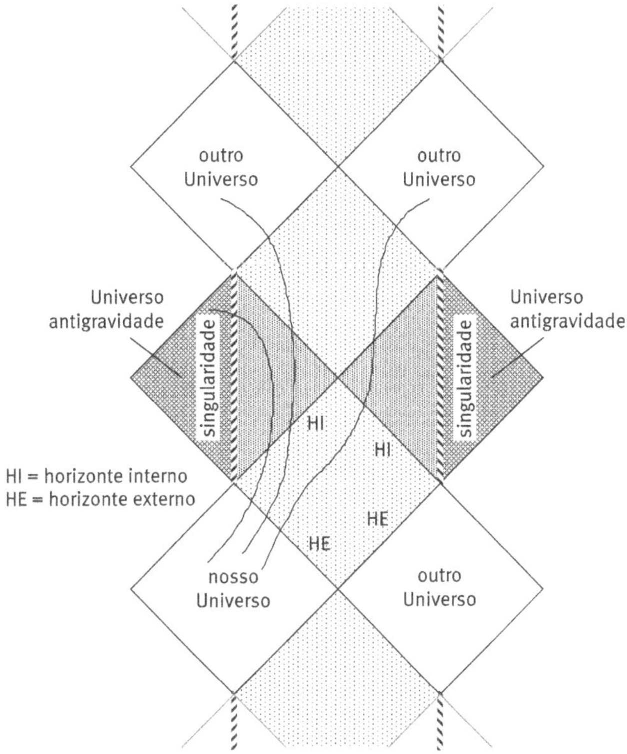

Figura 36. Mapa de Penrose de um buraco negro giratório.

O Viajante no Tempo esfregou as mãos, muito satisfeito. "Então, logo estarei de volta a meu próprio tempo. Vamos, vamos preparar os restos de minha máquina, para que me acompanhem na viagem de volta."

"Não tão depressa", disse eu. "Deixe-me verificar com o computador. Oh, um problema. Não existem buracos negros giratórios a nosso alcance. Há um em construção, mas o sindicato está em greve e ele ainda não foi concluído." O Viajante no Tempo pareceu extremamente desapontado. Eu também. Espere! O que andei vendo no sistema de hipermídia da realidade virtual uma noite dessas? *É isso!* "Tive uma ideia sensacional. Se não lhe agrada a ideia de controlar buracos negros de Kerr, o senhor pode optar por um tipo de singularidade muito mais simples: *corda cósmica*. Trata-se de um espaço-tempo estático, de modo que as seções espaciais permanecem inalteradas à medida que o tempo passa."

A melhor maneira de visualizar uma corda cósmica é usando duas dimensões do espaço. Corte fora um setor em forma de cunha e cole as bordas (Figura 37a). Se fizer isso com papel, você terá um cone pontudo (Figura 37b); matematicamente, porém, você pode apenas identificar as bordas correspondentes sem precisar curvar nada. A coordenada de tempo funciona da mesma maneira que no espaço-tempo de Minkowski (e, para obter a forma correta para cones de luz, você deveria identificá-las sem fazer cones reais). Se acrescentar aí uma terceira coordenada espacial e repetir a mesma construção em cada seção transversal perpendicular, obterá uma massa *linear*. Essa é a corda cósmica plenamente desenvolvida. Para fazer um modelo dela, enfie muitos cones idênticos num comprimento de — bem, corda (Figura 37c). Lembre-se, cada cone é uma seção de tempo constante do espaço-tempo real.

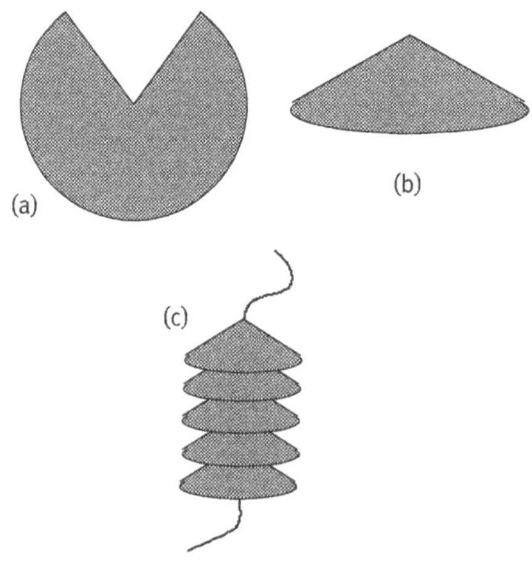

Figura 37. (a) Estrutura espacial de corda cósmica (achatada). (b) Identificação das bordas do setor que falta para obter um cone. (c) Adição de uma dimensão extra do espaço.

"Não estou bem certo de que compreendi perfeitamente a interpretação física da corda cósmica como um espaço-tempo", disse o Viajante no Tempo.

"Bem, basicamente, a corda cósmica tem uma massa, proporcional ao ângulo do setor que é cortado fora. Mas ela não se comporta como uma massa comum. Em todo lugar, exceto na ponta do cone, o espaço-tempo é localmente plano — exatamente como o espaço-tempo de Minkowski.

A curvatura aparente de um cone real é 'inofensiva'. Mas a corda cósmica cria mudanças *globais* na topologia do espaço-tempo, afetando a estrutura de grande escala das geodésicas — trajetórias de partículas. Por exemplo, qualquer matéria ou luz que passa além de uma corda cósmica é gravitacionalmente distorcida."

"Assim como galáxias distantes podem curvar a luz de um quasar?"

"Precisamente. Pois bem, sob alguns aspectos, uma corda cósmica é muito parecida com um buraco de minhoca, porque a cola matemática nos permite 'saltar através' do setor do espaço-tempo de Minkowski que foi cortado fora. Nos idos de 1991, J. Richard Gott tirou partido dessa analogia para construir uma máquina do tempo. De maneira mais precisa, ele mostrou que o espaço-tempo formado por duas cordas cósmicas que passam zunindo uma pela outra numa velocidade quase igual à da luz contém CTFs. O ponto de partida são duas cordas estáticas, simetricamente situadas, como na Figura 38, que, como de costume, é uma seção do tipo espacial de tempo constante." A coordenada de tempo foi suprimida; mas, se fosse acrescentada, correria perpendicularmente à página.

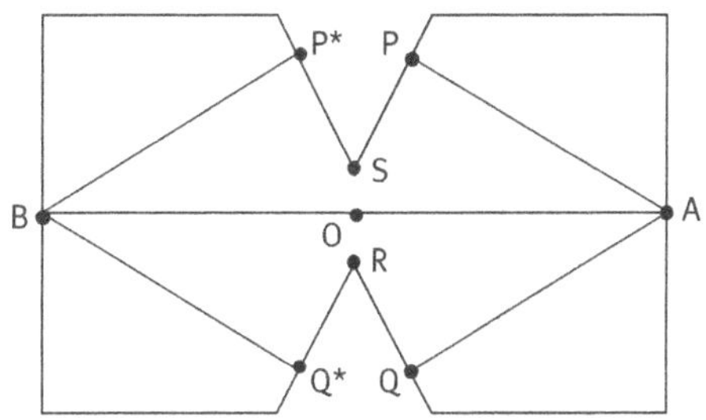

Figura 38. Duas cordas cósmicas, abertas e aplainadas para maior clareza.

"Por causa da 'colagem', os pontos P e P* são idênticos, assim como Q e Q*. A figura mostra três geodésicas que unem dois pontos A e B: a linha horizontal AB, a linha APP*B e a linha simetricamente colocada AQQ*B. Isto demonstra distorção gravitacional pelas cordas cósmicas: um observador em B veria três exemplares de A, um ao longo de cada uma dessas três direções.

"Gott calculou que, se as duas cordas cósmicas estiverem suficientemente próximas uma da outra, a luz levará mais tempo para atravessar o caminho AB do que para atravessar os outros dois. Isto tem uma consequência importante. Se uma partícula começar da posição A, mas no tempo T, então, no passado, ela poderá chegar a B no tempo T, mas no futuro. Chamemos esses eventos de A (passado) e B (futuro). Agora, se fizermos as cordas R e S se moverem, de modo que S se mova rapidamente para a direita e R, rapidamente para a esquerda, então A (passado) e B (futuro) passam a estar, simultaneamente, no quadro de um observador estacionário, graças à dilatação do tempo.

"Assim, para construir a CTF requerida, fazemos a partícula se mover de A (passado) para B (futuro) via PP*; depois, por simetria, nós a fazemos retornar de B (futuro) para A (passado) via QQ*. Os cálculos de Gott mostram que, contanto que as cordas cósmicas viajem numa velocidade próxima à da luz, essa CTF realmente existe — matematicamente."

O Viajante no Tempo coçou a cabeça e fez uma careta. "A esta altura já aprendi a perguntar: um cenário como esse pode ser fisicamente realizado?"

"Bem... em 1992, Sean Carroll, Edward Farhi e Alan Guth provaram que não há energia suficiente disponível no Universo para *construir* uma máquina do tempo de Gott. Mais precisamente, o Universo nunca contém matéria suficiente para fornecer tal energia a partir dos produtos do decaimento de partículas estacionárias."

"Mais uma vez, parece que estou preso para sempre em meu próprio futuro."

"Não necessariamente... Se pudéssemos desenvolver uma nova fonte de energia com potência suficiente... Mas receio que isto ainda não esteja em curso. No entanto, lembro que levantamentos da distribuição das galáxias em nosso Universo revelaram que elas se grumam em vastas escalas, formando estruturas com centenas de milhões de anos-luz de comprimento. Essa grumosidade é grande demais para ter sido causada pela atração gravitacional entre a matéria conhecida."

"E daí?"

"Segundo uma teoria, os grumos foram 'semeados' por cordas cósmicas que ocorreram naturalmente. Contanto que os bancos de dados da Hawkrose & Penking contenham as coordenadas de um vestígio de corda cósmica de ocorrência natural — *e* contanto que haja um buraco de minhoca disponível para transportar o senhor até lá —, talvez sejamos capazes de enviá-lo para casa." E ganhar uma fortuna...

"Neste caso, a Mãe Natureza superou todas as habilidades da Hawkrose & Penking em matéria de engenharia."

"Exceto por um detalhe: o senhor vai precisar de nossos buracos de minhoca para chegar à corda cósmica", observei, enquanto pedia ao computador para procurar uma corda cósmica conveniente, ligada a um buraco de minhoca próximo. Alguns segundos se passaram, e o computador assobiou para mim. "Está com sorte", eu disse. "Pegue o 3h25 da linha Betelgeuse que sai da Central Lunar, faça baldeação em Aurigae épsilon para a linha direta Ophiuchi, depois pegue uma linha local para Aldebaran. Vou chamar um pairatáxi, pegar sua máquina e comprar uma passagem para o senhor."

"Mas isso não será caro?"

"Sim", respondi. "Muito. Um ano de salário. Mas o senhor tem uma maneira de me reembolsar." Ao dizer isto, dei novas instruções ao computador.

"Como?" perguntou-me o Viajante no Tempo. "Farei qualquer coisa para retornar ao final do século XIX."

A impressora começou a se mexer. Entreguei-lhe um maço de papéis. "Aqui está a lista completa dos preços das principais ações na bolsa de valores, durante todo o período de 1895 a 2999. Quero que o senhor abra um fundo fiduciário em meu nome. Invista uma libra numa conta do Bank of England — ele continua existindo hoje e existia no seu tempo também — e use esta lista impressa para garantir que o investimento cresça *muito* depressa. Entendeu?"

"É claro. Quando se pode prever o futuro do mercado de capitais, a fortuna está garantida."

"Exatamente. Bem, contanto que senhor não se desvie para um mundo paralelo. Mas, nesse caso, no mundo paralelo passado cujo futuro se tornará este, versões paralelas de nós estão provavelmente fazendo a mesma coisa. Há muita convergência na história. Estou disposto a arriscar. Pois bem, crie um conselho de fideicomisso para assegurar que o sistema continuará funcionando. Fique com 50% do lucro como taxa operacional. Estabeleça o vencimento do fundo fiduciário para 27 de janeiro de

3001 — amanhã — contra apresentação de minha assinatura. Aqui está um exemplar da minha assinatura para o senhor registrar."

"Mas e se eu trapacear e ficar com todo o dinheiro?" perguntou ele.

"Pode ser que eu tenha de voltar ao século XIX e convencê-lo a não fazer isso", respondi.

"Oh. Certo. Não se preocupe. Farei o que está pedindo."

O pairatáxi chegou e ele partiu.

Um traço da minha natureza gosta de jogos de azar. Eu investiria um ano de meu salário para fazê-lo voltar a seu próprio tempo. Mas, se essa aposta render frutos... bem, digamos que tenho um compromisso importante amanhã no Bank of England.

FEEDBACK

A ideia de Matt Visser de cortar dois cubos idênticos no espaço e colar suas faces correspondentes uma na outra tem uma fantástica semelhança com uma história de ficção científica que escrevi dez anos antes. No entanto, não fiz a matemática e a física reais, entende, de modo que não estou reivindicando tê-la antecipado. O conto era "Paradise misplaced", *Analog*, vol.101, n.3, março de 1981, p.12-38. O protagonista, Billy o Faz-Tudo, é contratado para desvendar um mistério. O mundo de arquipélagos de Bahamba Bright devia ter 72.107 ilhas; agora, tem 72.106. A pequena ilha de Trixydix desapareceu. Este é o trecho em que Billy descobre *como* isso aconteceu, depois de ver de relance seu próprio rosto refletido no oceano:

> O Faz-Tudo pegou dois pauzinhos e os dispôs lado a lado sobre a toalha de mesa. "Imagine que estes são dois planos no espaço", disse ele. "O que um plano de transferência interfase faz, de certo modo, é fender o espaço ao longo dos dois planos e colá-los da maneira errada. Ele junta o lado esquerdo de um corte com o lado direito do outro, de modo que obtemos uma espécie de efeito de cruzamento. Qualquer coisa que

entre em um plano sai pelo lado oposto do outro. Se você entrar num plano a partir da esquerda, sairá do outro pela direita, e vice-versa. Mais ainda, não leva tempo nenhum para isso. É apenas um salto.

"Suponha que você construa o maquinário necessário para criar uma transferência de plano através da base de Trixydix, conectado a outro debaixo do oceano em algum lugar. Depois que ele é ligado, os planos passam a existir, e Trixydix parece terminar num dos planos. Acima dele, há apenas oceano. Pois bem, o plano é perfeitamente chato, portanto opticamente plano. A rocha cortada — a interface da água atua como um espelho porque se comporta exatamente como uma fatia de rocha polida com água por cima. Mas, assim que o plano deixa de atravessar a ilha, o resto da interface é água — de modo que você não vê nada de peculiar. E a água se move livremente através da interface, fazendo com que você não perceba de maneira alguma que há uma fronteira ali."

"Está tudo muito bem", disse Lindilu, "mas você não terá a metade de cima pairando no meio do oceano sobre o segundo plano?"

"Sim, aí ficou mais complicado. Eu diria que eles usaram uma caixa, com os planos de transferência como lados. Ponha uma caixa em torno de Trixydix; ponha outra caixa em torno de um trecho vazio do oceano. Faça uma conexão cruzada, e pronto! Não há mais ilha."

WEBSITES

Gerais
http://en.wikipedia.org/wiki/Time_travel
http://www.vega.org.uk/video/programme/61

CTF
http://en.wikipedia.org/wiki/Closed_timelike_curve

Corda cósmica
http://en.wikipedia.org/wiki/Cosmic_strings

Muitos mundos
http://en.wikipedia.org/wiki/Many-worlds_interpretation

– 10 –
Cone com uma torção

Você poderia achar que a geometria dos cones é bastante banal. Engano seu. Cole dois cones um no outro pelas suas bases. Corte ao meio. Se eles tiverem exatamente a forma certa, você obterá um quadrado. Torça uma metade por um ângulo reto e cole os pedaços um no outro de novo. Isto é um "esféricon", um delicioso brinquedo matemático.

Provavelmente, o cone que nos é mais familiar hoje em dia é o da casquinha de sorvete. A forma também é comum — em quantidade — como um dispositivo para desviar o tráfego de obras na estrada. Suas glórias passadas residem em domínios mais importantes. A geometria do cone intrigou os gregos antigos, principalmente por causa das curvas elegantes que era possível construir ao fatiar um cone com um plano. Hoje, a importância dessas "seções cônicas" — a elipse, a parábola e a hipérbole — reside em sua aplicação à mecânica celeste, o movimento de planetas, cometas e outros corpos celestes. O astrônomo dinamarquês Tycho Brahe observou os planetas; o matemático, astrólogo e místico alemão Johannes Kepler calculou que a órbita de Marte devia ser uma elipse; e o físico e matemático inglês sir Isaac Newton deduziu a lei da gravidade do inverso do quadrado. Os pousos da *Apollo* na Lua foram umas das consequências.

Os gregos não previram nada disso: eles se encantavam com a geometria intricada das seções cônicas por sua beleza intrínseca e descobriram como usar essas curvas para resolver problemas além do alcance limitado da régua e do compasso. Esses problemas incluíam a trisseção do ângulo e a duplicação do cubo (construir um cubo com duas vezes o volume de um dado cubo — de fato, construir uma linha de comprimento $\sqrt[3]{2}$). As novas curvas podiam resolver esses problemas porque os pontos em que duas seções cônicas se encontram correspondem a soluções de equações de terceiro e quarto graus. Régua e compasso podem resolver apenas equações de primeiro e segundo graus. De fato, esses dois problemas clássicos se reduzem à solução de uma equação de terceiro grau, um fato que é óbvio para a duplicação do cubo e depende de uma trigonometria simples quando se trata de trissecionar o ângulo — ver o Capítulo 20. O outro problema famoso da Antiguidade, a quadratura do círculo (construir um quadrado com a mesma *área* de um dado círculo) é insolúvel mesmo com o uso de seções cônicas — ver o Capítulo 20 de novo.

O cone propriamente dito tem sido de menos interesse para os matemáticos que suas seções planas, talvez por ser uma forma tão simples. Haverá alguma coisa nova ainda por dizer sobre o humilde cone? Na verdade, há. Em maio de 1999, C.J. Roberts, um leitor da coluna "Mathematical Recreations", escreveu-me sobre uma forma curiosa que ele chama de "esféricon". Ele até incluiu dois modelos — e mais tarde me enviou uma caixa enorme, contendo várias dúzias, por razões que logo explicarei.

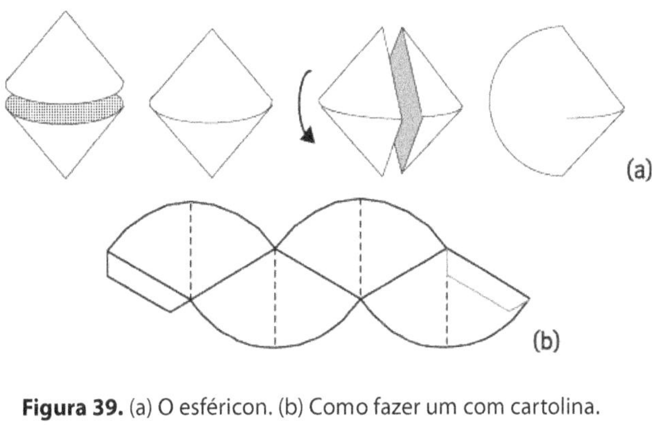

Figura 39. (a) O esféricon. (b) Como fazer um com cartolina.

O esféricon (Figura 39a) é um cone duplo — dois cones idênticos unidos pelas bases —, mas com uma torção. Literalmente. Um cone posto sobre um tampo de mesa plano rola em círculos. Um cone duplo pode rolar num círculo em sentido horário ou anti-horário, mas só rolará em linha reta se você o deslizar rapidamente ou o montar em trilhos.

Um esféricon executa um meneio controlado, que, na média, é reto. É fácil fazê-lo, lindamente simples e muito divertido, em especial se você fizer em quantidade. Eu nunca tinha visto semelhante forma mencionada em lugar algum antes — mas quem sabe o que existe lá fora na grande "exteligência"?

Se você partir um cone duplo ao longo de um plano que inclui ambos os vértices, obterá uma seção transversal rômbica, um paralelogramo com todos os quatro lados iguais. Se usar cones com o formato preciso, obterá uma seção transversal *quadrada*. Diferentemente de todos os outros rombos, o quadrado tem uma simetria extra: gire-o por um ângulo reto e ele se ajusta de volta à mesma forma. Assim, você pode partir esse cone duplo ao meio, torcer uma metade por um ângulo reto e colar de novo as duas partes juntas. Isso é um esféricon. Graças à torção, não é um cone duplo, mas um bicho muito mais interessante. Dois meios cones duplos não precisam fazer um cone duplo!

O esféricon pode ser feito com um único pedaço de cartolina, cortado numa forma composta por quatro setores idênticos de um círculo, unidos de modo que estejam voltados para direções alternadas (Figura 39b). O principal cálculo envolvido quando se faz essa forma é encontrar o ângulo entre as duas bordas retas do setor. Suponha que o raio é uma unidade. Quando o cone duplo tem uma seção transversal quadrada, a base de cada cone componente tem diâmetro $\sqrt{2}$, pelo teorema de Pitágoras. Assim, a circunferência da base é $\pi\sqrt{2}$. O comprimento da aresta de um setor é a metade disso (porque cortamos o cone duplo pela metade para fazer um esféricon). O ângulo do setor mede, portanto, $\pi\sqrt{2}/2$ radianos, ou $90\sqrt{2}$ graus, o que é em torno de 127,28°.

Se você recortar a forma mostrada, pode enrolar os setores em meios cones e colar a aba na aresta correspondente. Com um pequeno ajuste, se necessário, a base circular do cone duplo adapta-se perfeitamente, sem nenhuma lacuna, e você pode colar a junta por segurança, se desejar.

O primeiro deleite do esféricon é: ele rola! Não só isso: rola com um meneio. Primeiro, um setor cônico fica em contato com o solo, depois o outro. Por isso, ao avançar, ele bamboleia alternadamente para a esquerda e para a direita. É especialmente fascinante começar no topo de um ligeiro declive e observá-lo descendo a passo lento, à sua maneira vacilante. Quando a carta do sr. Roberts chegou, um grupo de vários matemáticos profissionais passou uma agradável meia hora rolando esféricons sobre uma mesa apoiada sobre vários livros para incliná-la.

A carta também sugeria algumas das fascinantes capacidades do esféricon:

> Ele tem uma face contínua.
> Ele rolará sobre uma superfície plana.
> Um esféricon rolará em torno de outro *ad infinitum*.
> Quatro rolarão em torno uns dos outros num bloco quadrado.
> Oito se encaixarão na superfície de um outro, cada um dos oito posicionado para rolar e unido a dois outros.
> Esse bloco de nove rolará em torno de outro bloco de nove *ad infinitum*.

Intrigado, pedi mais informação, e recebi de volta uma enorme caixa de cartolina que não pesava praticamente nada! Era "uma grande treliça de cerca de cinquenta esféricons", muito bem montada com fita transparente. Essa treliça, como a treliça atômica de um cristal, repete-se indefinidamente em três dimensões. Creio que posso me considerar um sujeito de sorte — ou talvez sem sorte — por não ter recebido um caminhão carregado.

Uma razão por que o esféricon tem propriedades geométricas tão elegantes é que suas quatro "arestas" — as linhas na Figura 39 onde os setores se encontram — se situam ao longo de quatro das arestas de um octaedro regular. As outras quatro arestas do octaedro correspondem às linhas que bissectam os ângulos dos vértices dos setores, que aparecem pontilhados. Pois bem, o octaedro, por sua vez, está estreitamente relacionado ao cubo — se você puser um ponto no meio de cada face do cubo e juntá-los com linhas retas, terá um octaedro. E os cubos, é claro, empilham-se de uma maneira regular para formar uma camada plana ou para encher um espaço tridimensional.

A geometria do esféricon envolve, evidentemente, muito mais que isso, mas já temos o suficiente para começar.

Roberts inventou o esféricon por volta de 1970. Geometria sempre fora o seu ponto forte na escola, e mais tarde começou a trabalhar como aprendiz de marceneiro. Não surpreende, portanto, que seu primeiro esféricon tenha sido feito de madeira. O ponto de partida foi a fita de Möbius, uma fita de papel unida ponta com ponta, com uma torção de 180°, muito conhecida pelos topologistas e pelas crianças. Roberts, no entanto, percebeu que, como o papel tem uma espessura definida, a seção transversal da fita é realmente um longo e fino retângulo. Se você fizer um corte transversal na forma de um quadrado, poderá juntar as pontas com uma torção de apenas 90°, obtendo um sólido cuja superfície externa consiste de uma única face curva. No entanto, essa forma tem um buraco no meio: é um anel. Existe um sólido, que não seja um anel, cujo exterior tenha uma única face curva? Um dia, trabalhando com um comprimento de madeira com seção transversal quadrada, Roberts começou a pensar em misturar uma face com a seguinte aplainando uma curva em torno das extremidades. Faça isso em ambas as extremidades, elimine a madeira entre uma e outra, e você obtém um esféricon.

Ele fez um de mogno e deu para a irmã, que o guarda desde então. Depois, esqueceu o assunto até 1997, quando dei uma série de palestras matemáticas televisionadas por ocasião do Natal — um evento regular no Reino Unido, que remonta a Michael Faraday, em 1826, embora não passasse na televisão naquela época, claro — e falei sobre simetria. Nessa altura, seu interesse renasceu e ele me escreveu.

Visto da direção certa, em linha com o meio de um setor, o esféricon parece um quadrado com uma diagonal traçada em seu interior (Figura 40a). De outra direção, parece um triângulo isósceles de ângulo reto com um semicírculo ao longo de sua aresta mais longa (Figura 40b). Se dois esféricons forem postos um junto do outro (Figura 40c), podem rolar na superfície um do outro. A Figura 40d mostra o resultado, depois de um quarto de uma revolução. A Figura 40e mostra quatro esféricons dispostos de modo que possam rolar sobre seus vizinhos, simultaneamente, para sempre. Oito esféricons podem se encaixar em torno de um, todos equilibrados de maneira que qualquer um deles pode rolar sobre o central (Figura 41) — embora não seja possível fazer isso de tal modo que os esféricons circundantes possam rolar também uns sobre os outros. E assim por diante. Entendeu por que a caixa era tão grande?

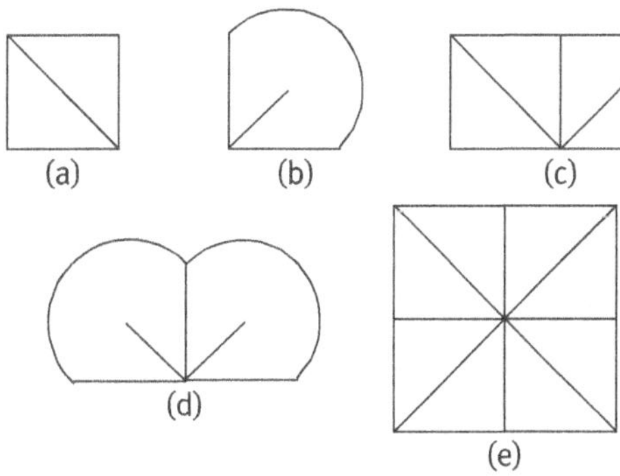

Figura 40. (a) Seção transversal quadrada. (b) Triângulo mais semicírculo. (c) Dois esféricons equilibrados para rolar. (d) Após um quarto de uma revolução. (e) Quatro esféricons equilibrados para rolar.

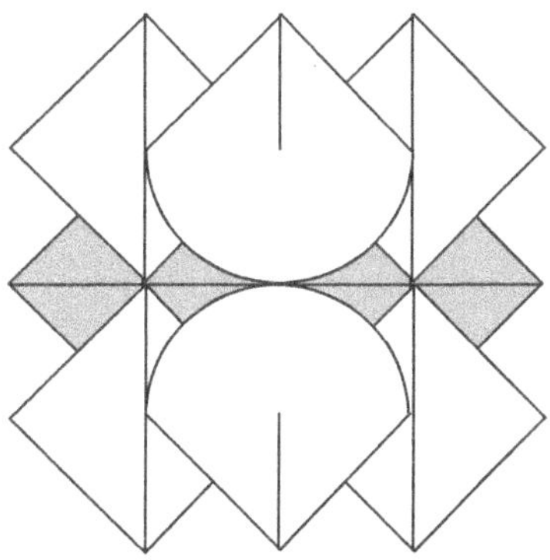

Figura 41. Oito esféricons em torno de um, todos equilibrados para rolar.

Os arranjos possíveis de esféricons parecem intermináveis. Vou lhe deixar o prazer de se divertir com esse brinquedo matemático extraordinariamente simples e extremamente engenhoso, e inventar novas disposições por si mesmo.

FEEDBACK

Vários leitores, entre os quais John D. Determan, de Alhambra, Califórnia, e Cecil Deisch, de Warrenville, Illinois, sugeriram usar um cone com um vértice de 60°. Quando dividido em dois, ele tem uma seção transversal que é um triângulo equilátero, e dois desses meios cones podem ser colados juntos com uma torção de 120°. O objeto resultante rola, mas não por uma grande distância. Deisch propôs uma variante surpreendente: comece com dois cones com vértice de 60°, divida-os em ângulos retos num lado oblíquo do cone e junte-os pelas bases. (As bases agora são elipses.) Esse objeto pode ser novamente partido ao meio para criar um triângulo equilátero, e dois deles podem ser colados com uma torção. David Racusen, de Shelbourne, Vermont, sugeriu começar com um cilindro com uma seção transversal quadrada e juntar duas metades com uma torção de 90°. E Don Bancroft, de Brookfield, Illinois, mandou-me uma cópia de sua patente dos Estados Unidos (ver "Sugestões de leitura") descrevendo um dispositivo rolante feito de dois semicírculos unidos no meio de seus lados retos com uma torção de 90°. A patente também descreve algumas variantes dessa ideia.

WEBSITES

Gerais

http://en.wikipedia.org/wiki/Sphericon

Website de Roberts

http://www.pjroberts.com/sphericon/

Imagens 3-D em movimento

http://www.interocitors.com/polyhedra/n_icons/index.html

– 11 –
Qual é a forma da lágrima?

Nossos sentidos às vezes nos enganam, e este é um bom exemplo disso. Qual é a forma de uma lágrima? Você não ficará surpreso ao ouvir que ela não tem a forma de uma lágrima. Mas talvez se surpreenda com o diabólico grau de complicação que ela realmente apresenta.

And the bird on a twig
And the twig on a branch
And the branch on a tree
And the tree in the ground
And the green grass grew all around, all around,
*An the green grass grew all around!**

O guitarrista dedilhou um acorde final, e os cantores se calaram.

"Graças a Deus que acabou", murmurou Oliver Gurney. "Eu poderia ter dito mil vezes que..."

"Você disse isso mil vezes", suspirou Deirdre. "Todos nós ouvimos."

"...O *Potted Dormouse* não é um pub que ganhe com cantos folclóricos."

"É um pub", disse eu, "com um fogo quentinho. Está chovendo canivetes lá fora. Sei o que leva *meu* voto. De qualquer modo, sua petição livrou-nos da Noite do Órgão Hammond. Embora eu ainda não entenda por que você teve de mandá-la para a *rainha*. O diretor-administrativo da Cervejaria Fosdick teria sido suficiente, tenho certeza."

* Tradução literal: "E o pássaro num ramo/ E o ramo num galho/ E o galho numa árvore/ E a árvore no chão/ E o capim verde cresceu em toda a volta, toda a volta,/ E o capim verde cresceu em toda a volta!" (N.T.)

"Acredito em recorrer diretamente ao escalão mais alto", disse Oliver. "Ó céus, aposto que agora vão começar 'The Village Pump'."

"Eu *gosto* de 'The Village Pump'", disse Deirdre. "Gosto de *todas* as canções que eles cantam; nos fazem ver as coisas sob uma nova luz."

"Ora, não venha com essa..."

"Não, fazem mesmo. Veja aquela canção sobre o pássaro no ramo e assim por diante... Faz a gente compreender como as árvores são complexas. E como pedacinhos de árvores se parecem exatamente com árvores inteiras, só que menores."

"Autossimilaridade", disse eu. "Geometria fractal. Pulgas grandes têm pulgas menores, e assim infinitamente. Daí o bonsai."

Como estão acostumados a me ouvir falar de maneira obscura, a passagem de árvores para pulgas não confundiu ninguém. "Bonsai?"

"A arte japonesa de treinar arvorezinhas a se parecerem com árvores grandes. Isso não funcionaria a menos que houvesse uma estrutura independente da escala."

"Conheci, certa vez, um sujeito que fazia *montanhas* bonsai", disse Olly. Levamos alguns segundos para entender.

"Você está falando de rochas de estimação?" perguntou Deirdre.

"Rochas adequadamente fragmentadas são, de fato, parecidas com montanhas", disse eu.

"Ele não se contentava em pôr uma rocha numa tigela, é claro", disse Olly. "Dá um bocado de trabalho fazer montanhas bonsai apropriadas. Ele tinha todos os equipamentos — pequenas mangueiras com esguichos de spray e leques instalados em plataformas especiais para submetê-las a tempestades em miniatura, geradores de centelha para relâmpagos em pequena escala, muitos pequeninos espelhos para focalizar os raios de sol. Até uma minúscula máquina de fazer neve."

"É mesmo?" Deirdre era interessada em jardinagem e isso era quase a mesma coisa.

"É. Mas ele teve de parar."

"Por quê?"

"As rochas ficaram infestadas com pulgões. De esquis." Deirdre lhe deu um tapa.

O guitarrista guardou o instrumento no estojo e o encostou contra a parede. "Hora de um breve intervalo, pessoal", disse ele, e os cantores desapareceram na direção do bar. Oliver seguiu-os, retornando em triunfo alguns minutos depois com dois canecões de cerveja espumante e um Blue Moon. Segurou um canecão e Deirdre ficou com o outro. Lançando-me um olhar muito estranho, Olly empurrou o Blue Moon na minha direção.

Veja, desenvolvi um gosto por coquetéis extravagantes, certo? Não preciso pedir desculpas a ninguém. Três quartos de uma medida de vodca, o mesmo de tequila, uma medida de curaçau blue, limonada a gosto, tudo sobre gelo picado — brilhante. Eu provavelmente trocaria por um Brooklin Bomber da próxima vez, eu lhe disse.

Olly fez uma careta, tomou um grande gole de sua caneca e abriu um sorriso. "Cerveja é melhor." Pousou o copo diante de si. Estava prestes a dizer alguma coisa quando se fez um claro som de *plinc*! Todos nós ouvimos. Olly olhou à sua volta, procurando a fonte, e ouvimos o som de novo.

"É sua cerveja", disse Deirdre.

"Cervejas não fazem *plinc*", contestou Olly.

"A sua faz. São gotas de chuva caindo do teto. Deve haver uma goteira no telhado."

Nunca vi Olly se mover tão depressa. Ele agarrou o copo e abraçou-se a ele como uma mãe protegendo o filho recém-nascido de hienas. "Diluição", explicou obliquamente. "Não acham que eu deveria processar o dono do pub por misturar água na bebida?"

"Olly, foram só *duas gotas*."

"É o princípio", murmurou ele.

"Bem, eu tenho o princípio de não aborrecer donos de pub perfeitamente decentes. Não foi de propósito."

Ficamos olhando enquanto a água continuava a pingar, caindo sobre a mesa e lançando gotinhas minúsculas em todas as direções. "Não sei o que o fascina tanto", disse Deirdre.

"Estou tentando *ver*... Não, acontece depressa demais. Não admira que todo mundo entenda da maneira errada."

"Entenda o quê?"

Oliver sacudiu as mãos rechonchudas para nos silenciar. "Deirdre, você estava falando como as canções folclóricas a fazem ver coisas corriqueiras sob uma nova luz. Gotas de chuva — ou lágrimas... Permita que lhe faça uma pergunta: qual é a forma de uma lágrima?"

Ela pensou por um momento. "Forma de lágrima, é claro."

Ele lhe passou uma caneta e um guardanapo. "Desenhe uma para mim." Ela desenhou uma gota gorda, como um girino; com a cabeça redonda e curvando-se numa cauda pontuda apontada para cima (Figura 42).

Olly contemplou o desenho. "Por que acha que ela tem esta forma?"

"Bem, é assim que elas parecem ser. A clássica 'forma de gota'."

"Tem certeza?" Mais uma gota borrifou na mesa. "Viu esta enquanto caía, viu?"

"Bem, não. Ela se moveu depressa demais. Mas é assim que *todo mundo* as desenha." Olly assentiu, mas não disse nada. "Você quer dizer que todo mundo as desenha errado?"

"Nada a comentar."

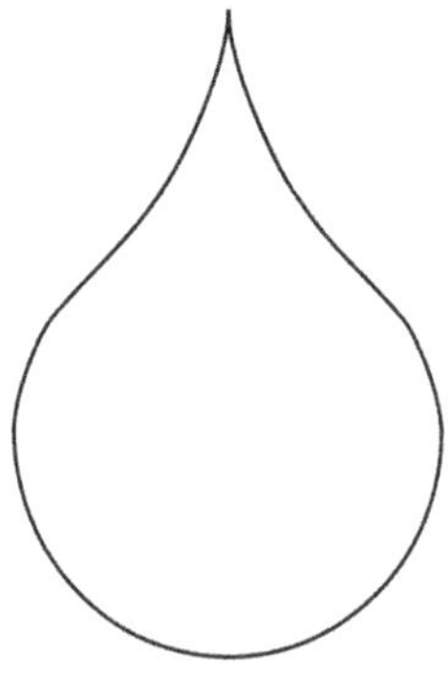

Figura 42. A forma clássica da "lágrima". Mas é assim mesmo?

"Mas quando uma gota cai de uma torneira, vemos uma espécie de bojo crescente de água pendendo, e depois parte dele dá a impressão de se soltar. Vemos, então, uma cauda pontuda pouco antes que a gota se desprenda."

"Desenhe isso também." Ela obedeceu (Figura 43).

"Hummm. Você supõe que a gota conserva sua cauda pontuda à medida que cai."

"Sim."

"Mas a água que cai da torneira se arredonda?"

"Sim. Tensão de superfície."

"Então, por que a tensão de superfície não arredonda a cauda da gota que cai também?"

"Ela vai sendo arrastada atrás porque a gota está se *movendo*."

"Tem certeza?"

Deirdre fez uma pausa, os lábios contraídos em reflexão, depois sacudiu a cabeça. "Não, não faz sentido. A cauda se arredondaria também. Lágrimas em queda devem ser aproximadamente esféricas. Talvez um pouco achatadas pela resistência do ar."

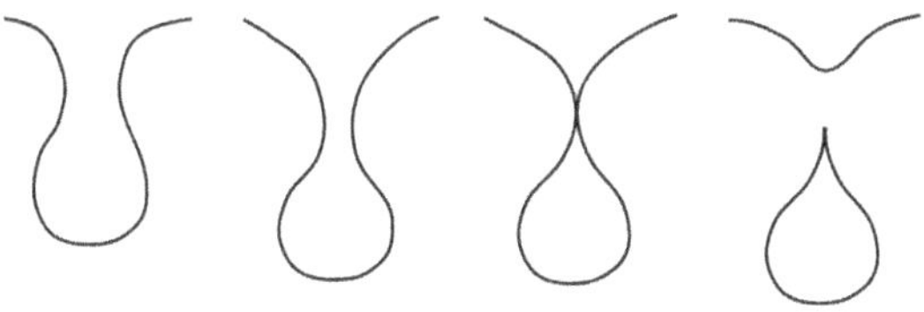

Figura 43. Uma gotícula faz isto ao se desprender?

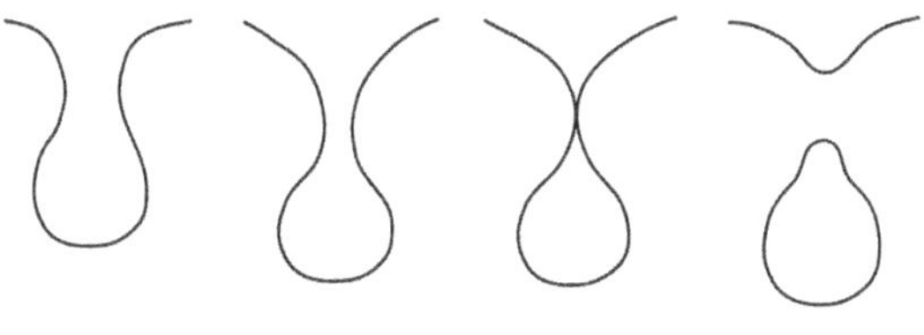

Figura 44. Ou isto?

Olly assentiu com a cabeça. "Mas poderia oscilar. Então, você acha que a imagem seria mais parecida com esta?" Ele desenhou a Figura 44.

"Acho que sim. Não tenho mais certeza." Parecia confusa. Não é espantoso como pode ser tênue nossa compreensão da realidade?

"Li alguma coisa a respeito", disse eu. "O espantoso, a meu ver, é que a resposta não foi encontrada há muito tempo. Há literalmente quilômetros de estantes de biblioteca cheias de estudos científicos do fluxo fluido — alguém certamente deve ter se dado o trabalho de olhar para a forma de uma gota d'água, não é? No entanto, a literatura mais antiga contém apenas um desenho correto, feito mais de um século atrás pelo físico lorde Rayleigh, e era em *tamanho natural*." Fiz uma pausa para respirar. "O que significa que era tão pequenino que quase ninguém reparou."

"Absolutamente certo", disse Olly. "Como recompensa, você pode pagar a próxima rodada. A verdadeira forma só se tornou amplamente conhecida a partir de 1990, quando o matemático aplicado Howell Peregrine e colegas, na Universidade Bristol, fotografaram uma gota d'água no momento de sua queda, e descobriram que a coisa é muito mais complicada — mas também muito mais interessante — do que vocês jamais imaginariam." Ele desenhou rapidamente uma série de formas, enquanto eu tentava chegar até o bar. Quando voltei, com duas canecas de cerveja e um Harvey Wallbanger (como o *cherry brandy* estava em falta, não era possível fazer um Brooklyn Bomber), ele tinha acabado de terminar o desenho (Figura 45).

"Isso é *esquisito*", disse Deirdre.

"Não, é apenas suco de laranja, vodca, Galliano e uma rodela de pepin..."

"Não estou falando do seu drinque e sim da forma da gota."

"Não é o que a maioria das pessoas espera", disse Oliver. "Mas é o que realmente acontece (Figura 46). Tudo começa com uma gota bojuda pendurada na ponta da torneira. Ela desenvolve uma cintura, que vai se estreitando, e parece estar rumando para a forma clássica da lágrima. Mas, em vez de se separar e formar uma cauda curta e pontuda, a cintura se alonga num filete cilíndrico fino e comprido, com uma gota quase *esférica* pendurada na ponta."

Peguei o desenho e examinei-o. "Consigo entender por que a gota se torna esférica. Ela está caindo tão lentamente que a gravidade é desprezível. Por isso, ela tenta minimizar a energia em sua tensão de superfície, e isso a puxa para a forma de uma esfera."

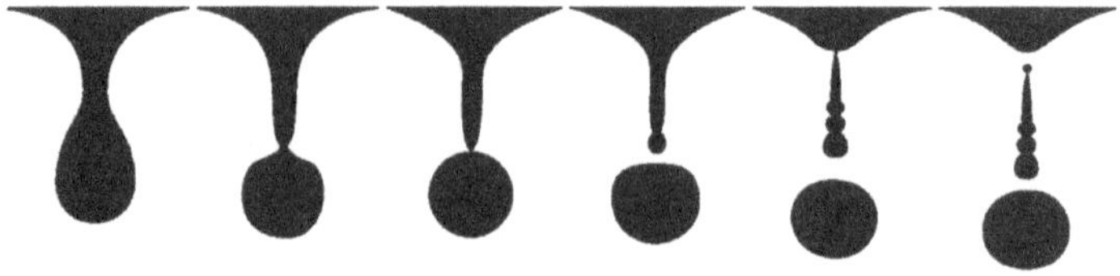

Figura 45. Sequência de mudanças de forma de uma gotícula ao se desprender — teoria.

Figura 46. Sequência de mudanças de forma de uma gotícula ao se desprender — prática.

"Por quê?"

"Porque a tensão de superfície é proporcional à área, e a esfera tem a menor área para um dado volume." Ele me deu um vigoroso tapa nas costas. "Mas não entendo por que esse filete se forma."

"Sobretudo viscosidade", disse Olly. "Aderência. Se o fluido fosse xarope em vez de água, você não ficaria surpresa com um longo filete pendente, ficaria? A água é muito viscosa também, embora não tanto quanto xarope."

"Está tudo muito bem", disse Deirdre. "Mas por que o filete não se prolonga para sempre?"

"Instabilidade!" gritei, assustando três senhoras idosas sentadas na mesa ao lado, jogando *cribbage*. Elas me lançaram um olhar penetrante. "Um filete longo demais se torna instável", eu disse.

"Exatamente", disse Olly, abrindo um pacote de seus salgadinhos favoritos de dobradinha com beterraba. "Quer um pouco?" murmurou, acenando vagamente o pacote na minha direção. Balancei a cabeça. "A instabilidade faz o filete começar a se estreitar, exatamente no ponto em que se junta com a esfera, até desenvolver uma ponta aguda. Nesse estágio, a forma se assemelha a uma agulha de tricô que está apenas tocando uma laranja. Depois, a laranja cai da agulha e se destaca, pulsando ligeiramente ao cair: a gota se desprendeu."

"Mas isso é só metade da história." Encheu a boca com mais um punhado de salgadinhos e regou-os com um trago do melhor *bitter* da Fosdick. "Agora, a ponta aguda da agulha começa a se arredondar, e pequeninas *ondas* viajam de volta, agulha acima, em direção à sua raiz, tornando-a semelhante a um colar de pérolas que vão ficando cada vez menores. Por fim, o filete pendente de água se estreita numa ponta aguda na extremidade superior, e ele também se desprende. Quando cai, sua ponta superior se arredonda e uma série muito similar de ondas viaja ao longo dele."

Deirdre e eu nos reclinamos em nossas cadeiras, contemplamos o espaço e depois fitamos os desenhos de Olly. "Assombroso", disse Deirdre. "Nunca imaginei que uma água gotejando pudesse ser tão *ativa*."

"Não", disse eu. "Ou tão *singular* — e isto deixa claro para mim por que ninguém havia estudado anteriormente o problema em grande detalhe matemático."

"Por que não?"

"É muito difícil. Veja, quando a gota se destaca, há uma *singularidade* no problema — um lugar em que a matemática se torna muito intratável. A singularidade é a ponta da 'agulha'."

"Mas, afinal, por que há uma singularidade? Por que a gota se destaca de maneira tão complexa?"

Olly interveio. "Porque, em 1994, os físicos Jens Eggers e Todd F. Dupont mostraram que o cenário é uma consequência das equações de Navier-Stokes do movimento dos fluidos. Eles simularam as equações num computador e reproduziram o cenário de Peregrine." Ele parecia um gato de Cheshire com dois sorrisos. Quando notou que eu não estava tão impressionado como ele esperava, ficou muito desapontado. "Por que esse olhar azedo?" perguntou-me. "Foi um trabalho brilhante."

"Sem dúvida alguma", respondi. "Eu teria orgulho de fazer alguma coisa com metade da qualidade. Mas não acho que isso realmente responda à pergunta. É *tranquilizador* que as equações de Navier-Stokes realmente prevejam o cenário correto, mas isso por si só não me ajuda a compreendê-lo. Há uma grande diferença entre processar números e fazer nosso cérebro entender o que as respostas *significam*."

Olly coçou o queixo. "Você está falando sobre a filosofia da explicação de novo, não está?"

"Estou falando sobre o tipo de explicação que me faz sentir que entendi alguma coisa. Pode chamar isso de filosofia, acho. Certamente não é ciência ou matemática enquanto tais — é sobre o modo como *compreendemos* ciência e matemática.

"O tipo de explicação que eu gostaria de ver seria um encadeamento simples de pensamentos lógicos, que trata a forma por direito próprio e me convence que ela tem de ocorrer. Não sei ao certo se alguém já conseguiu chegar a uma explicação da gota em queda que corresponda exatamente a isso, mas me lembrei de um trabalho de X.D. Shi e outros, da Universidade de Chicago, que segue em outra direção. A principal ideia conceitual, que já estava presente no trabalho de Peregrine, é um tipo particular de solução para as equações do fluxo fluido, chamado de *solução de similaridade*."

"Troque isso em miúdos."

"Trata-se de uma solução com certo tipo de simetria, o que a torna matematicamente tratável. Ela é temporariamente similar a si mesma — repete a própria estrutura em escalas menores em tempos diferentes. É por isso que, depois que o pescoço do filete começa a se estreitar, ele *continua*, ficando cada vez mais estreito até formar uma singularidade pontual."

"Não estou conseguindo acompanhá-lo", disse Olly.

"Não é de surpreender. Estou omitindo muitos detalhes matemáticos. Mas a ideia de solução de similaridade explica a forma da singularidade, supondo que exista uma solução de similaridade. É aí que entra a técnica que não está presente..."

"Ei", interrompeu Deirdre. "Acabo de me dar conta de que há uma fotografia clássica que mostra a singularidade perfeitamente. Só que é leite, não água, e não está pingando de cima para baixo."

"Como assim?"

"Em *On Growth and Form*, de D'Arcy Thompson, publicado em 1942. O primeiro volume tem um frontispício famoso, leite respingando num prato. Os respingos têm a forma de uma coroa." (Ver Figura 47.)

"Ah, isso mesmo", disse Olly. "A foto foi feita por Harold Edgerton, do Massachusetts Institute of Technology. Mas ela não parece com nenhum de meus desenhos."

"Sim, parece. Cada 'espigão' na coroa tem uma ponta que parece uma pequena bolha no fim do tubo, e os tubos se estreitam em pontas agudas no ponto de junção com as bolhas."

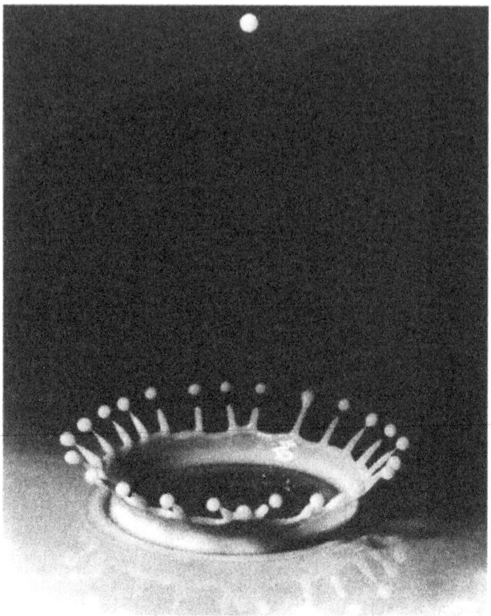

Figura 47. O famoso respingo de leite de Harold Edgerton. Cada "espigão" da coroa se assemelha à imagem da "agulha e laranja", o terceiro quadro da Figura 45.

"O artigo de Peregrine assinalava de fato que toda a complexa série de eventos é *universal*", disse eu. "Sempre vemos a mesma sequência exata de formas quando as gotas se desprendem — em fluidos com a viscosidade adequada."

Oliver decidiu testar a viscosidade de sua cerveja. Ela deslizou para baixo muito facilmente, nada parecido com xarope. "Já lhes contei sobre a vez em que inventei uma bactéria especial, própria para transformar óleo em melaço?" perguntou. "E por pouco não destruí todo o campo petrolífero do mar do Norte..."

"Sim, uma centena de vezes", disse Deirdre. "Você salvou a situação inventando uma levedura especial, própria para fermentar o melaço em álcool, e criou o campo de cerveja do mar do Norte."*

"Que secou há muito tempo", disse ele, triste.

"Por falar em melaço", interrompi, "o grupo de Shi levou a ideia da solução de similaridade mais adiante, e perguntou como a forma da gota que se destaca depende da viscosidade do fluido. Realizaram muitos ex-

* Ver meu conto de ficção científica "The treacle well", *Analog* 103, n.10, set 1983, p.40-58.

perimentos, usando misturas de água e glicerina para obter diferentes viscosidades. Fizeram também simulações por computador e desenvolveram a abordagem teórica por meio de soluções de similaridade. O que descobriram foi que, para fluidos mais viscosos, ocorre um *segundo* estreitamento do filete antes que a singularidade se forme e a gota se destaque."

"Quer dizer que obtemos algo mais parecido com uma laranja suspensa por um pedaço de corda da ponta de uma agulha de tricô?" perguntou Deirdre.

"Isso mesmo. E, nesse momento, graças à autossimilaridade do processo..."

Ela estava à minha frente. "Em viscosidades ainda maiores, há um *terceiro* estreitamento — uma laranja suspensa por um comprimento de algodão, de um comprimento de corda, da ponta de uma agulha de tricô. E, à medida que a viscosidade aumenta, aumenta também o número de sucessivos estreitamentos, de maneira ilimitada. Certo?"

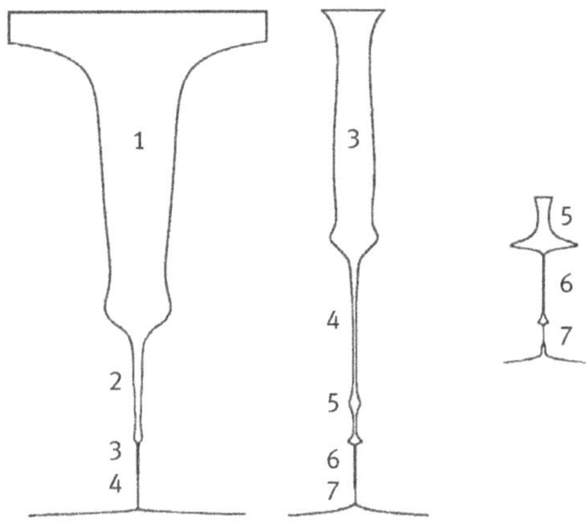

Figura 48. Estreitamentos sucessivos numa gota de um fluido viscoso, tal como calculado por X.D. Shi. (à esquerda) Os quatro primeiros estreitamentos. (no meio) Ampliação da parte inferior para mostrar mais três estreitamentos. (à direita) Ampliação do quinto, sexto e sétimo estreitamentos.

"Exatamente. Pelo menos, desde que ignoremos o limite imposto pela estrutura atômica da matéria." (Ver Figura 48.)

"Assombroso", disse Oliver.

"Nunca considere nada um fato consumado", disse eu. "São as questões mais simples que têm as respostas mais surpreendentes. Mas alguém tem de *fazer* a pergunta, e não apenas supor que a resposta é a que todos esperariam."

"Tenho uma questão simples para você", disse Deirdre.

"O que é?"

"Quer mais uma bebida? Esta é a minha rodada."

Olly e eu olhamos para ela, depois um para o outro. "Algumas perguntas simples *têm* a resposta que todos esperariam", dissemos em coro.

FEEDBACK

As montanhas bonsai fazem parte do romance fantasioso e humorístico *Thief of Time*, de Terry Pratchett, o 26º em sua série Discworld, que agora soma 32 volumes, mais quatro livros juvenis e diversos subprodutos. Lu-Tze, um monge histórico, as cria como um hobby. Leva tempo, mas um monge histórico tem todo o tempo do mundo, tendo acesso à antiga tecnologia da procrastinação, que pode enrolar e desenrolar o tempo.

WEBSITES

Respingos

http://courses.ncssm.edu/hsi/splashes/animations.htm

http://en.wikipedia.org/wiki/Harold_E._Edgerton

http://mit.edu/6.933/www/Fall2000/edgerton/www/prewar.html

Para apreciar quão difundida é a ideia convencional da forma de uma "lágrima", procure a palavra na seção de Imagens do Google™.

- 12 -
A falácia do interrogador

Cada vez mais, a matemática está se misturando com a lei. Não, não estão tornando equações de segundo grau ilegais — sinto muito! As provas de DNA levaram a teoria das probabilidades para os tribunais, abrindo assim a proverbial caixa de Pandora. Diante disso, o que estão fazendo os tribunais? Tentando jogar a matemática fora de novo.

A matemática está invadindo os tribunais.

Antigamente, os júris eram instruídos a condenar o acusado de um crime desde que estivessem convencidos de sua culpa "além de qualquer dúvida razoável". Essa instrução é um tanto qualitativa: tudo depende do que cada jurado considera ser razoável. Uma civilização futura poderia tentar quantificar a culpa, adotando um cenário comum de ficção científica em que o júri é substituído por um "computador de tribunal". O computador pondera as evidências, calcula uma probabilidade de culpa e encerra o julgamento quando essa probabilidade se torna suficientemente próxima de 1 (o que significa certeza absoluta, um ideal raras vezes atingido). Mas, como a civilização atual não tem computadores de tribunal, os júris são forçados a se engalfinhar com a teoria das probabilidades. Uma razão é o uso crescente de evidências de DNA. A ciência do perfilamento de DNA é relativamente nova, por isso a interpretação de evidências de DNA repousa na avaliação das probabilidades. Problemas semelhantes poderiam ter surgido assim que as impressões digitais foram introduzidas, mas os advogados eram presumivelmente menos sofisticados naquela época; de todo modo, as impressões digitais raramente são contestadas em bases probabilísticas. No entanto, até isso parece prestes a mudar, à medida que mais advogados começam a encontrar razões (bem fundamentadas ou não) para contestar a confiabilidade de impressões digitais.

Em 1995, Robert Matthews — cujo trabalho sobre o "princípio antropomúrphico" foi tema de um dos capítulos de *Mania de matemática* — assinalou que uma fonte de evidências ainda mais antiga em casos de tribunal *deveria* ser analisada com o uso da teoria das probabilidades. A saber: as confissões. Uma das conclusões mais surpreendentes de Matthews é que há circunstâncias nas quais a existência de uma confissão dá mais peso à ideia de que o acusado é inocente, e não culpado. Ele chama essa descoberta de "falácia do interrogador".

Para Tomás de Torquemada, o primeiro inquisidor da Santa Inquisição espanhola, uma confissão era uma prova completa de culpa — mesmo que tivesse sido extraída à força, como costumava ser. Na verdade, Torquemada autorizava o uso de tortura para obter evidências, e estima-se que ele tenha sido responsável pela morte de cerca de 2 mil pessoas na fogueira com base em confissões forçadas. A prática legal moderna é geralmente cética em relação a confissões *sabidamente* obtidas à força, mas, em meados dos anos 1990, houve uma série de condenações por terrorismo no Reino Unido baseadas em evidências confessionais. Os réus apelaram e as condenações foram revogadas por uma instância superior devido a suspeitas de que as confissões não fossem genuínas. As ideias de Matthews oferecem uma razão geral para desconfiar de confissões em casos de terrorismo, a menos que sejam amparadas por evidências corroborantes apropriadas.

A principal ideia matemática necessária é a de probabilidade condicional. Ela nos diz o grau de probabilidade de certos eventos, dado que outros eventos tenham acontecido. A intuição humana para as probabilidades é notoriamente fraca — por exemplo, podemos ficar desmedidamente impressionados com "coincidências" mesmo quando há explicações prosaicas para elas. As coisas são ainda piores quando se trata de probabilidades condicionais. Aqui está um exemplo famoso disso:

O sr. e a sra. Smith contam que têm dois filhos, um dos quais é uma menina. Não dizem se o outro é menino ou menina e, pelo que sabemos, ambas as coisas são possíveis. *Dada essa informação*, qual é a probabilidade de que a outra criança seja uma menina? Você pode supor que, no nascimento, meninos e meninas são igualmente prováveis, cada um com uma probabilidade de 1/2, e meninos e meninas ocorrem de maneira independente a cada vez. Estas suposições não são de todo verdadeiras, mas estão suficientemente próximas da verdade e evitam complicações que nos desviariam do raciocínio sem mudar muito o resultado.

A resposta reflexa é que a outra criança pode ser menino ou menina, com igual probabilidade, de modo que a probabilidade de que ela seja uma menina é 1/2. No entanto, há quatro distribuições de gênero possíveis: HH, HM, MH, MM — em que H e M denotam "homem" e "mulher", e a ordem é aquela em que as crianças nascem. Cada combinação é igualmente provável, tendo, portanto, 1/4 de probabilidade. Em exatamente três casos, HM, MH, MM, a família inclui uma menina; em apenas um deles, MM, a outra criança também é uma menina. Logo, na verdade, a probabilidade de duas meninas, dado que há pelo menos uma, é de 1/3.

Por outro lado, suponha que, em vez disso, os Smith digam que seu filho *mais velho* é uma menina. Qual é a probabilidade de que o mais novo também seja uma menina? Dessa vez, as distribuições possíveis de gênero são HM e MM, e a mais nova é uma menina somente para MM, de modo que a probabilidade se torna 1/2. Esta conclusão parece irracional para muitos, mas, levando em consideração os pressupostos expostos, os cálculos estão corretos. Isso nos deixa confusos porque não temos uma boa intuição para as características paradoxais das probabilidades condicionais. As duas histórias dos filhos dos Smith mostram que as probabilidades condicionais envolvem a especificação de um *contexto*. A escolha de contexto pode ter um forte efeito sobre a probabilidade computada. Mas, como o contexto costuma ser implícito, não explícito, não prestamos atenção suficiente a ele, e podemos ser facilmente induzidos a erro.

Volte para o Capítulo 1 e veja a Figura 2, que lista todas as 36 maneiras de lançar dois dados — todos os pares são igualmente prováveis. Dado que pelo menos um dado mostra 6, qual é a probabilidade de que ambos o façam? Há 11 pares com 6 em algum lugar, todos igualmente prováveis, e exatamente um deles tem dois 6. Portanto, a probabilidade condicional aqui é 1/11. Agora, faça uma pergunta semelhante, mas com a condição alterada para "o dado branco mostra um 6". Nesse caso, há somente 6 pares que satisfazem a condição, de modo que a probabilidade condicional torna-se 1/6. A situação para dados é análoga à situação para filhos.

Para ver como essas questões são sutis, suponha que você já saiba que o sr. e a sra. Smith têm dois filhos, mas não tem ideia dos seus sexos. Um dia, você vê as crianças no jardim (Figura 49). Uma delas, claramente visível, é uma menina. A outra está parcialmente escondida pelo cachorro, e o sexo é incerto. Qual é a probabilidade de que os Smiths tenham duas meninas? Você poderia raciocinar que a questão é exatamente igual ao primeiro cenário acima, dando uma probabilidade de 1/3. Ou poderia raciocinar que a informação que lhe é apresentada é que "a criança que não está brincando com o cachorro é uma menina", tal como no segundo cenário, que distingue uma criança da outra, de modo que a resposta é 1/2. Os sr. e a sra. Smith, que sabem que a criança que brinca com o cachorro é o pequeno William, diriam que a probabilidade de duas meninas é zero. Então, quem tem razão?

Figura 49. Os filhos dos Smith e seu cachorro. Qual é a probabilidade de que a criança escondida pelo cachorro seja uma menina?

A resposta depende de uma escolha de contexto. Probabilidades dizem respeito a modelos da realidade, e não à própria realidade. Você se baseou circunstancialmente em situações em que há (em princípio) muitas famílias diferentes nas quais cada criança, aleatoriamente, brinca com o cachorro? Ou de famílias em que apenas *uma* criança — sempre a mesma — brinca com o cachorro? Ou você está analisando apenas uma família específica, em que probabilidades de caso são um modelo completamente errado?

A interpretação de dados estatísticos requer uma compreensão da matemática das probabilidades *e* do contexto ao qual ela está sendo aplicada. Através das eras, os advogados abusaram desavergonhadamente da falta de sofisticação matemática dos jurados, seja para obter a condenação de inocentes ou para absolver culpados. Um exemplo — que surge no contexto do perfilamento de DNA — é a "falácia do promotor". Eu gostaria de poder dizer que os tribunais entendem essa situação hoje em dia, e em geral o fazem. No entanto, o trágico caso de Sally Clark, uma procuradora erroneamente condenada por assassinar os próprios filhos, sugere que ainda não chegamos lá. O julgamento foi em 1999, e não envolveu nem perfilamento de DNA nem a falácia do promotor: veja Websites para detalhes.

Voltemos ao perfilamento de DNA (ou impressão digital de DNA, ou impressão digital genética). Primeiro, apresentarei alguns fundamentos; depois, veremos que falácia é essa.

A ideia do perfilamento de DNA foi inventada em 1985 por Alec Jeffreys, da Universidade de Leicester, e gira em torno das chamadas regiões de NVRT (Número Variável de Repetições Enfileiradas), no genoma humano. As sequências de NVRT variam enormemente entre os indivíduos e acredita-se, em geral, que isso os identifica de maneira única. Através de "sondas multilocais", técnicas comuns da biologia molecular são usadas para procurar paridades entre várias regiões de NVRT em duas amostras de DNA: uma relacionada ao crime e outra coletada do suspeito. Um número suficientemente grande de paridades deveria fornecer uma esmagadora evidência estatística de que ambas as amostras provêm da mesma pessoa.

A falácia do promotor é baseada na confusão de duas probabilidades diferentes. A "probabilidade de paridades" responde à pergunta: "Qual é a probabilidade de que o DNA de um indivíduo corresponda à amostra do crime, dado que ele é inocente?" No entanto, a pergunta que o tribunal deveria considerar é: "Qual é a probabilidade de que o suspeito seja inocente, dada uma paridade?" Probabilidades condicionais costumam mudar quando a ordem das afirmações é trocada, de modo que as duas perguntas podem ter respostas extremamente diferentes. Mais uma vez, a fonte da diferença é contextual. No primeiro caso, o indivíduo está sendo conceitualmente inserido numa população escolhida por conveniência científica — digamos pessoas do mesmo sexo, altura, grupo étnico. No segundo caso, ele está sendo inserido numa população menos bem-definida, porém mais relevante e tipicamente menor — aqueles que poderiam razoavelmente ter cometido o crime.

O uso de probabilidades condicionais nessas circunstâncias é governado por um teorema atribuído ao probabilista inglês Thomas Bayes. Suponhamos que os eventos são A e C, com probabilidades respectivamente de $P(A)$ e $P(C)$. Escreva $P(A|C)$ para a probabilidade de que A aconteça dado que C tenha, sem dúvida, ocorrido. Deixe A & C denotar o evento de que "tanto A quanto C ocorreram". Nesse caso, a versão mais simples do teorema de Bayes nos diz que:

$$P(A|C) = \frac{P(A \& C)}{P(C)}$$

Este caso simples do teorema é, de fato, apenas uma definição da probabilidade condicional, mas há uma versão mais geral, que este caso ilustra.

Por exemplo, no caso dos filhos dos Smith, no primeiro cenário, temos

C = "pelo menos uma criança é uma menina"
A = "a outra criança é uma menina"
$P(C) = 3/4$
$P(A \& C) = 1/4$

porque A & C implica também que "ambas as crianças são meninas", ou MM. Ora, o teorema de Bayes diz que a probabilidade de que a outra criança seja uma menina, dado que uma delas é uma menina, é (1/4)/(3/4)

= 1/3, o valor a que chegamos anteriormente. De maneira semelhante, considerando o segundo cenário, o teorema de Bayes dá a resposta 1/2, também como antes.

Para aplicar isso a evidências confessionais, Matthews deixa

A = "o acusado é culpado"

C = "ele confessou".

Como é normal no raciocínio bayesiano, ele toma $P(A)$ como sendo a "probabilidade anterior" de que o acusado seja culpado — isto é, a probabilidade da culpa é avaliada a partir de evidências obtidas *antes* da confissão. Deixemos A' denotar a negação do evento A (a saber, "o acusado é inocente"). Em seguida (por um cálculo delineado no boxe 1), Matthews usa o teorema de Bayes para derivar a fórmula

$$P(A|C) = \frac{p}{p + r(1-p)}$$

onde, para manter a álgebra simples, escrevemos

$$p = P(A)$$

e

$$r = \frac{P(C|A')}{P(C|A)}$$

que podemos chamar de "índice de confissão". Aqui, $P(C|A')$ é a probabilidade de uma pessoa inocente confessar, e $P(C|A)$ é a probabilidade de uma pessoa culpada confessar. A razão de confissão é menor que 1 se uma pessoa inocente tiver menor probabilidade de confessar que uma culpada, mas é maior que 1 se uma pessoa inocente tiver maior probabilidade de confessar que uma culpada.

Para que a confissão aumente a probabilidade de culpa, então queremos que $P(A|C)$ seja maior que $P(A)$, o que é igual a p. Portanto, precisamos de

$$\frac{p}{p+r(1-p)} > p$$

o que um pouco de álgebra simples reduz a $r < 1$. Essa desigualdade tem uma interpretação impressionante:

> A existência de uma confissão aumenta a probabilidade de culpa
> se, e somente se,
> Uma pessoa inocente tiver menor probabilidade de confessar que uma culpada.

Pensando bem, isto soa razoável. Mas a implicação é menos intuitiva: por vezes, a existência de uma confissão pode *reduzir* a probabilidade de culpa. De fato, isso ocorrerá sempre que uma pessoa inocente tiver maior probabilidade de confessar que uma culpada. Mas será que isso pode acontecer?

Em casos de terrorismo, a resposta é "possivelmente sim". Perfis psicológicos indicam que indivíduos mais sugestionáveis, ou mais submissos, ou simplesmente mais apavorados, têm maior probabilidade de confessar sob interrogatório. Estas descrições raramente se aplicam a um terrorista calejado, que será treinado para resistir a técnicas de interrogatório. Uma pessoa inocente, desnorteada, sem nenhum treinamento, sujeita a ameaças verbais extremas, pode, sem dúvida, confessar meramente por estar atordoada; ela dirá qualquer coisa para fazer o interrogatório cessar. É plausível que tenha sido isso que ocorreu ao assegurar as condenações que acabaram por ser revogadas nos tribunais do Reino Unido.

A análise bayesiana demonstra outras características das evidências contrárias ao que o senso comum sugeriria. Por exemplo, suponha que as evidências iniciais de culpa (X) são seguidas por evidências suplementares de culpa (Y). Com isso, um júri quase sempre suporá que a probabilidade de culpa aumentou. Mas probabilidades de culpa não se acumulam simplesmente dessa maneira. Na verdade, as novas evidências só aumentam a probabilidade de culpa se:

A probabilidade condicional das novas evidências, levando em conta as antigas evidências e sendo o acusado culpado

exceder

A probabilidade condicional das novas evidências, levando em conta as antigas evidências e sendo o acusado inocente.

Quando a acusação depende de uma confissão, duas coisas muito diferentes podem acontecer. Na primeira, *X* é a confissão e *Y* são as evidências encontradas como resultado dela — por exemplo, a descoberta do corpo onde o acusado disse que ele estaria. Neste caso, é improvável que uma pessoa inocente forneça tal informação, e considerações bayesianas mostram que a probabilidade de culpa aumenta, como seria de esperar. Portanto, evidências corroborantes que *dependem* da veracidade da confissão aumentam a probabilidade de culpa.

Por outro lado, *X* poderia ser a descoberta do corpo e *Y* uma confissão subsequente. Neste caso, a evidência fornecida pelo corpo não depende da confissão e não pode corroborá-la. No entanto, não há nenhuma "falácia do encontrador de corpo" análoga à falácia do interrogador, porque é difícil demonstrar que uma pessoa inocente tem mais probabilidade de confessar do que uma culpada apenas por saber que um corpo foi encontrado.

Evidentemente, seria tolice sugerir que todo jurado em potencial fizesse um curso de inferência bayesiana e ser aprovado, mas parece inteiramente viável que um juiz possa orientá-los com relação a princípios simples, como os assinalados por Matthews. Não é difícil compreender a falácia do interrogador. Exatamente os mesmos princípios se aplicam ao perfilamento de DNA, mas a falácia do interrogador explica onde o raciocínio fica confuso em circunstâncias que são muito mais intuitivas para jurados, e a questão matemática não é obscurecida por tecnologia bioquímica extravagante. Uma breve revisão da falácia do interrogador poderia ser uma excelente maneira de desestimular advogados a fazer afirmações falaciosas sobre evidências de DNA.

FÓRMULA DE MATTHEWS

Pelo teorema de Bayes

$$P(A\,|C) = \frac{P(A\,\&C)}{P(C)}$$

e, de maneira similar,

$$P(C|A) = \frac{P(A\,\&C)}{P(A)}.$$

Mas C & A = A & C, portanto podemos combinar as duas equações para obter

$$P(A\,|\,C) = \frac{P(C\,|A)\;P(C)}{P(A)}.$$

Além disso,

$$P(C) = P(C\,|\,A)P(A) + P(C\,|\,A')P(A'),$$

já que ou A ou A' devem acontecer, mas não ambos. Por fim, $P(A') = 1 - P(A)$, portanto se $P(A) = p$, então $P(A') = 1 - p$. Pondo tudo isso junto, temos a seguinte fórmula, de aparência bastante complicada:

$$P(A\,|\,C) = \frac{P(A)}{P(A) + \dfrac{P(C|A')}{P(C|A)}\,P(A')}.$$

A substituição de $P(A)$ por p e de $P(C\,|\,A)\,/\,P\,(C\,|\,A')$ por r simplifica isto em

$$P(A\,|\,C) = \frac{p}{p+r\,(1-p)},$$

como foi afirmado.

FEEDBACK

Recebi muitas cartas sobre a falácia do interrogador, mas infelizmente a maior parte delas apenas confirmou minha alegação de que é fácil errar quando se considera probabilidade condicional. A maioria dos leitores teve dificuldade não com o ponto principal, as probabilidades associadas a confissões, mas com o exemplo preparatório sobre o sexo das crianças. Permita-me, portanto, primeiro rever a questão que, diga-se de passagem, é comum tanto em livros didáticos sobre a teoria da probabilidade quanto em livros de enigmas, nos quais você poderá encontrar o mesmo cálculo que efetuei. Somos informados de que a família Smith tem exatamente dois filhos e que um deles (ou mais) é uma menina. Qual é a probabilidade de ambos serem meninas? Supomos que a probabilidade de nascer menino ou menina é a mesma, o que não ocorre exatamente na realidade.

O grande objeto de disputa foi a maneira como dividi as crianças, considerando a ordem de nascimento. Há quatro tipos de famílias com dois filhos: HH, HM, MH, MM. Todos, eu disse, são igualmente prováveis. A informação de que pelo menos um filho é menina remove o primeiro caso, deixando HM, MH, MM. Destes, somente um dá duas meninas. Portanto, a probabilidade condicional de ambos serem meninas é 1/3. Por outro lado, se formos informados de que "a criança mais velha é uma menina", a probabilidade condicional de que os dois filhos sejam meninas é 1/2. Muitos de vocês contestaram estas conclusões. Alguns disseram que eu não deveria distinguir HM e MH, havendo dois cenários, H/M e M/M, ambos igualmente prováveis. Este é essencialmente o mesmo erro que Leibniz cometeu sobre a probabilidade de se obter um duplo 6 com dois dados — ver o Capítulo 1. Em vez de discutir teoricamente, por que não realizamos um experimento? Vamos lançar duas moedas e contar a proporção de vezes que obtemos duas caras, duas coroas e uma de cada. As moedas simulam os sexos, com as probabilidades corretas (1/2 cada face). Ora, se aqueles de vocês que pensam que HM não deveria ser distinguido de MH estiverem certos, cada um desses casos deveria ocorrer cerca de um terço das vezes. Ok, agora vá e faça cem lançamentos. Se eu estiver certo, você deverá obter cerca de 25 casos de duas caras, 25 de duas coroas e 50 de ambas. Se você estiver certo, deveria obter 33 de cada.

Se estiver com preguiça, como eu, pode simular os lançamentos no computador com um gerador de números aleatórios. Fiz isso para um milhão de lançamentos simulados, e cá está o que obtive:

Duas caras: 250.025

Duas coroas: 250.719

Uma de cada: 499.256.

Mas não se fie na minha palavra: experimente você mesmo.

O outro argumento principal foi que, quer saibamos ou não que uma criança é M, a outra tem igual probabilidade de ser M ou H. Este é um argumento interessante, e é instrutivo ver por que está errado. Basicamente, a questão é que, quando duas crianças são meninas, não há nenhuma noção única de "a outra". Ela só se torna única se eu especificar em *qual* menina estou pensando — por exemplo, "a mais velha" —, o que é exatamente o que torna os dois casos diferentes. Isso destrói a suposta simetria entre Hs e Ms e muda as probabilidades condicionais.

De fato, se você pensar bem, a declaração "a criança mais velha é menina" transmite *mais* informação do que "pelo menos uma criança é menina". (A primeira implica a segunda, mas a segunda não implica necessariamente a primeira.) Portanto, realmente não deveria ser surpresa alguma que as probabilidades condicionais associadas sejam diferentes.

Permita-me também relatar um desdobramento no mundo legal, que aconteceu depois que escrevi a coluna original. Ele sugere que a profissão de advogado não é terrivelmente hábil para lidar com números, e acredita que os jurados são ainda menos. Num caso de estupro enormemente difundido no Reino Unido, um estatístico que servia como testemunha especializada explicou o teorema de Bayes ao júri, numa linguagem não técnica, e o acusado foi considerado culpado. Os advogados de defesa recorreram, com base no argumento de que não fora dada uma alternativa aos jurados que não desejassem usar o teorema de Bayes. O recurso fracassou, mas os juízes do Tribunal de Recursos declararam publicamente que a ideia de que introduzir o teorema de Bayes, ou qualquer coisa de semelhante, num julgamento criminal "mergulha o júri em esferas impróprias e desnecessárias de teoria e complexidade, desviando-os da tarefa precípua". Um recurso adicional foi negado, deixando o status legal do teorema de Bayes no limbo.

Embora seja verdade que júris podem ser iludidos por matemática extravagante, a decisão não impediu os advogados de utilizá-la, e, ocasionalmente, casos famosos ainda se valem de abusos da teoria das probabilidades. Mas agora os júris parecem ter sido privados de princípios matemáticos inteiramente sensatos, que poderiam ajudá-los a detectar esses abusos, sob a alegação de que tudo isso é difícil demais para os pobrezinhos.

WEBSITES

Geral

http://en.wikipedia.org/wiki/Bayes%27_theorem

Perfilamento de DNA

http://en.wikipedia.org/wiki/Genetic_fingerprinting
http://en.wikipedia.org/wiki/Prosecutor%27s_fallacy
http://www.dcs.qmul.ac.uk/researchgp/spotlight/legal.html

O caso Sally Clark

http://www.sallyclark.org.uk/
http://en.wikipedia.org/wiki/Sally_Clark

- 13 -
Vacas no labirinto

Finalmente as vacas! Para encontrá-las, porém, você terá de percorrer um labirinto. Não do tipo usual, com cercas vivas, becos sem saída e coisas do gênero: é um labirinto lógico. Você vai precisar de dois lápis, e a rota através do labirinto depende de qual deles vai escolher. Como incentivo, há uma vaca no final.

A matemática recreativa dá, com frequência, um papel de destaque a labirintos. Eles são mais comuns na matemática séria do que você poderia imaginar, também, porque, na verdade, qualquer investigação matemática requer que encontremos nosso caminho através de um labirinto de afirmações, no qual o caminho de uma afirmação para a seguinte é uma dedução lógica válida. "Onde estão as vacas?", um novo tipo de labirinto inventado por Robert Abbott, de Jupiter, Florida, é, ao mesmo tempo, geométrico e lógico. Foi tomado de seu livro *Supermazes*.

Os aficionados de longa data da coluna "Mathematical Games" se lembrarão de Abbott como o inventor do jogo de cartas Eleusis, discutido por Martin Gardner em 1959 e novamente em 1977. Seu atrativo reside numa peculiaridade lógica: o objetivo do jogo — para todos os jogadores, exceto um — não é jogar segundo as regras, mas adivinhar quais são elas. A função do outro jogador é inventá-las. O labirinto das "vacas" de Abbott também se baseia numa peculiaridade lógica, a da autorreferência. Afirmações autorreferentes causam enormes problemas para lógicos e filósofos — um exemplo é o paradoxo associado a Epimênides, um cretense que declarou que todos os cretenses são mentirosos, o que se reduz a:

ESTA AFIRMAÇÃO É FALSA.

Bem, ela é ou não é falsa? Estamos numa enrascada, de uma maneira ou de outra. Há também afirmações *mutuamente* referentes, como estas:

A PRÓXIMA SENTENÇA É VERDADEIRA.

A SENTENÇA ANTERIOR É FALSA.

É um campo minado lógico.

Uma maneira de escapar é permitir à verdade de uma afirmação deslizar numa escala contínua, com meias verdades e três décimos de falsidades; outra é permitir à verdade de uma afirmação variar dinamicamente. Na coluna "Mathematical Recreations" de fevereiro de 1993, relatei um trabalho de Gary Mar e Patrick Grim, que descobriram que a abordagem dinâmica leva a fractais lógicos e caos. Outra abordagem, contudo, é simplesmente chafurdar no espanto da autorreferência, e é isso que vamos fazer aqui.

Como Abbott escreve: "Obviamente, a autorreferência é uma importante área de estudo para os lógicos. Mas a questão realmente importante (bem, pelo menos do meu ponto de vista) é esta: a autorreferência pode ser usada para introduzir mais confusão nos labirintos? A resposta, alegro-me em comunicar, é Sim."

"Onde estão as vacas?" é mostrado nas Figuras 50a e 50b, espalhado por duas páginas por ser grande demais para caber em uma. Não só o texto é autorreferencial, mas as regras para o labirinto mudam de acordo com seu movimento. O texto nos boxes é de três tipos: comum (romano), **negrito** e *itálico*. (No livro, são preto, vermelho e verde, mas, como não temos cores, traduzi tudo. Isso não afeta a estrutura abstrata do labirinto.) Esses tipos de fonte são relevantes — por exemplo, nas caixas 1 e 2.

Para abrir caminho por este labirinto, você precisa de ambas as mãos, e ajuda se segurar um lápis ou algum outro indicador em cada uma para lembrar onde você está. Ou pode usar duas fichas e colocá-las nas caixas.

Para começar, um lápis aponta para o boxe 1 e o outro para o boxe 7. A numeração dos boxes não é estritamente sequencial: isso é deliberado. Seu objetivo é fazer uma série de movimentos, de tal modo que ao menos um dos lápis termine apontando para o boxe com a imagem de uma vaca, que doravante será referida como VACA. Abbott rotulou esse boxe como GOL e evitou as vacas, exceto no boxe 50, mas esta vaca extra insistiu em entrar no labirinto, e não causa nenhum dano.

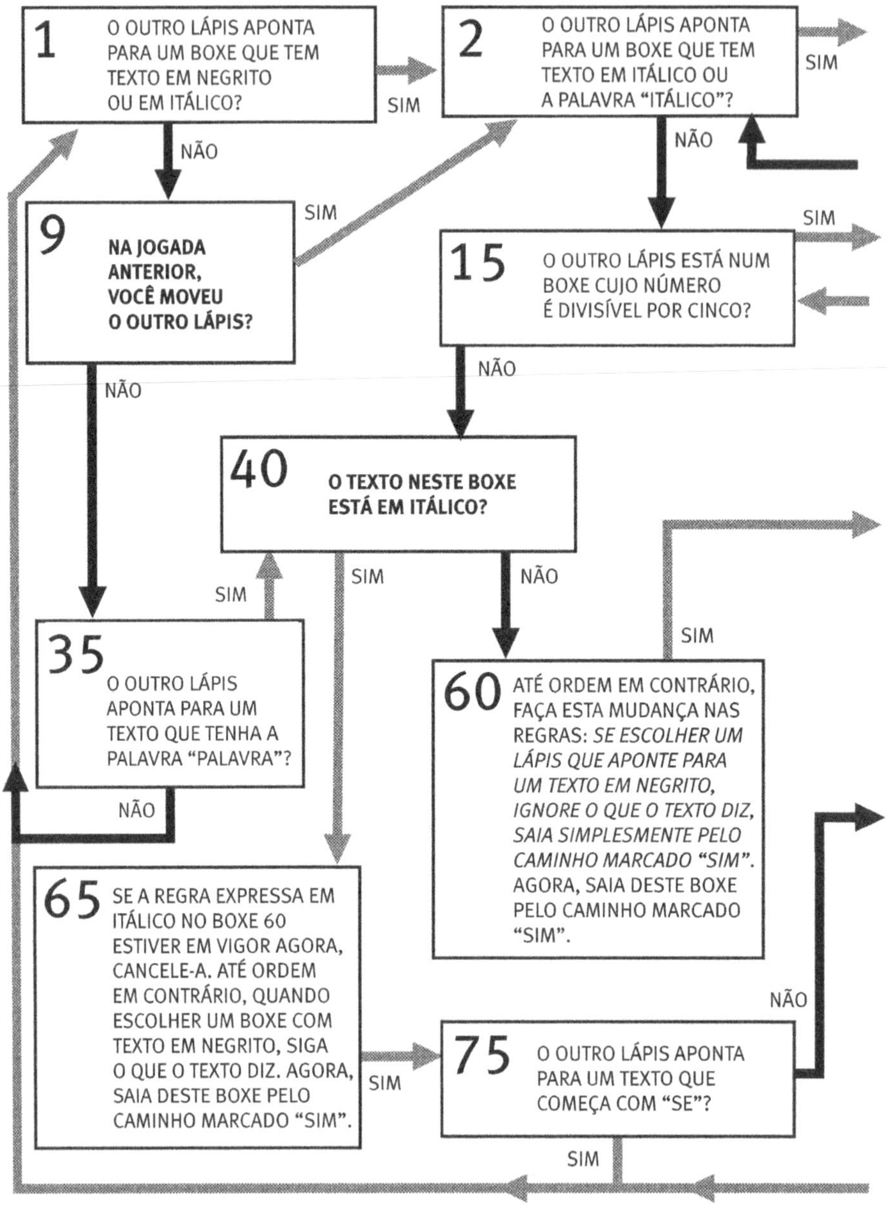

Figura 50a. Onde estão as vacas? Comece com os lápis nos boxes 1 e 7. Escolha um boxe e obedeça às regras. Repita, e leve um lápis até a VACA.

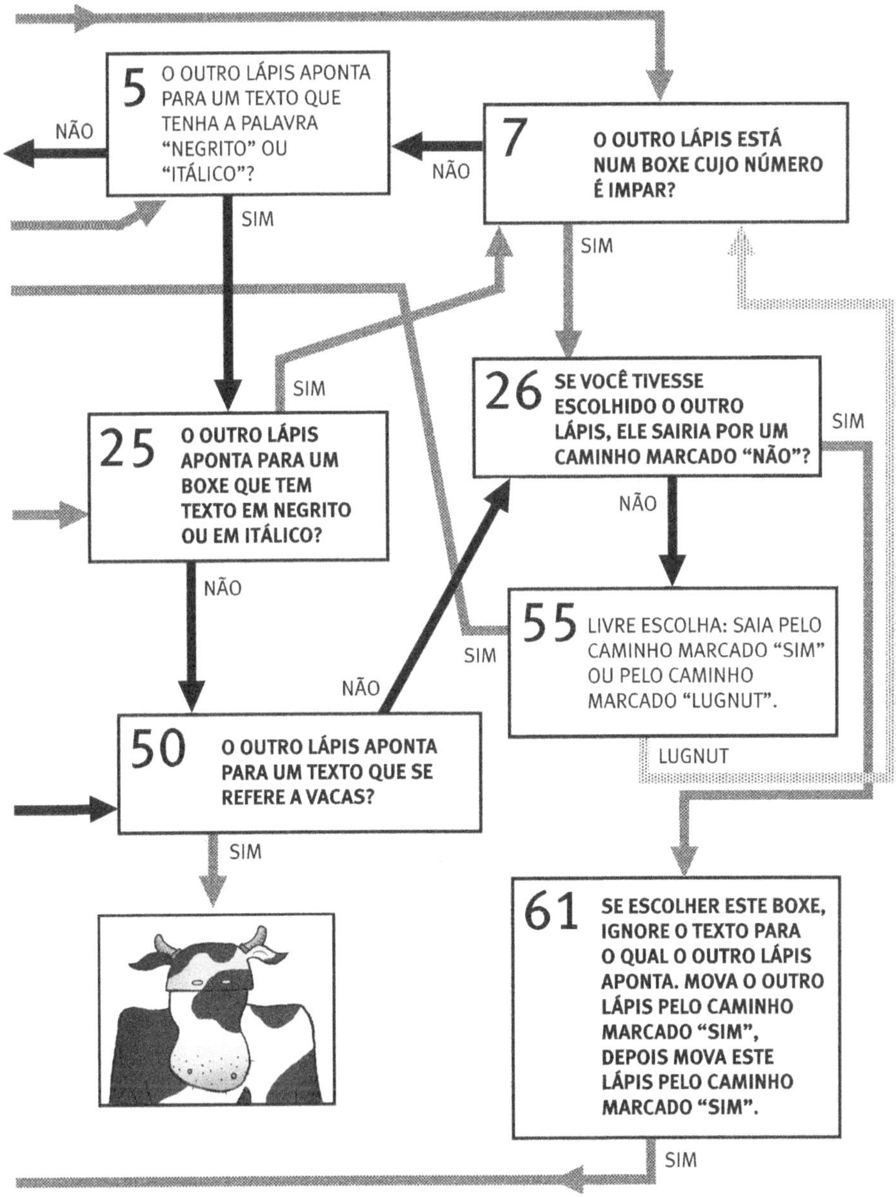

Figura 50b. Onde estão as vacas? (continuação)

Para fazer um único movimento, *primeiro* escolha um dos lápis, *depois* siga as instruções no boxe para o qual esse lápis aponta. É só isso. Não precisa fazer nenhuma outra escolha, exceto quando seguir a instrução no boxe 55. Repito: *só siga as instruções numa caixa depois de ter escolhido seu lápis*. A seção "Feedback", abaixo, mostra o que pode acontecer se você se esquecer disso.

Por exemplo, suponha que, desde a posição inicial, você escolha o lápis apontado para o boxe 7, que contém a seguinte pergunta: "O outro lápis está num boxe cujo número é ímpar?" ("Em" aqui significa "apontando para"). Ora, o outro lápis está apontado para o boxe 1, e 1 é ímpar, portanto a resposta é "sim". Por conseguinte, você deve mover o lápis apontado para o boxe 7 ao longo do caminho rotulado SIM, que leva ao boxe 26. O outro lápis, apontado para o boxe 1, permanece lá nessa jogada.

Fácil? Espere um pouco. Suponha que sua próxima escolha seja o lápis apontado para o boxe 26. "Se tivesse escolhido o outro lápis, ele teria tomado o caminho marcado "NÃO"? Hummm... O outro lápis estava (e ainda está) apontado para o boxe 1. *Se* você o tivesse escolhido, a pergunta teria sido "O outro lápis aponta para um boxe cujo texto está em negrito ou itálico?". O "outro lápis", nesta pergunta, é aquele que ainda estaria apontado para o boxe 7, que contém texto em negrito. Portanto, a resposta para a questão no boxe 1 é "sim", e o lápis teria saído ao longo do caminho SIM. Tudo isso significa que a resposta para a pergunta no boxe 26 é "não, ele *não* tomaria o caminho NÃO." Por isso, o lápis do boxe 26 move-se agora ao longo da saída NÃO, e acaba apontando o boxe 55.

Ufa!

A maioria dos boxes faz perguntas, e seu caminho de saída depende da resposta. Alguns deles, contudo, funcionam de maneira diferente. O boxe 61 lhe diz para mover ambos os lápis, e a "jogada" não se completa até que isso tenha sido feito. O boxe 55 tem uma saída marcada LUGNUT, em vez do "não" usual. Isto realmente faz diferença — por exemplo, se seus lápis apontam para 26 e 55 e você escolhe mover o que está no 26.

Os boxes realmente decisivos são 60 e 65, que mudam as regras para o avanço através do labirinto. O 60 suspende a regra usual para se sair de um boxe com texto em negrito, substituindo-a pela regra "saia sempre pela via SIM", que chamarei de "regra 60". O boxe 65 desfaz a regra 60 e restaura as regras usuais. Estas mudanças *só* entram em efeito quando você escolhe o boxe apropriado — não basta ter um lápis apontado para um deles. Em particular, é possível ter um lápis apontado para o boxe 60 e o outro para o 65. Cada boxe lhe diz efetivamente para ignorar o outro — mas isso não causa problemas autorreferenciais, porque você tem de escolher a qual deles vai obedecer. Não se obedece aos dois ao mesmo tempo.

Algumas das instruções podem parecer ambíguas, dependendo da sutileza das distinções lógicas que você deseja estabelecer. O boxe 5 pergunta se o outro lápis está apontado para um texto que tenha a palavra "negrito" ou a palavra "itálico". Se, por exemplo, o outro lápis estiver apontado para o boxe 1, a resposta é claramente "sim"; e, se estiver apontado para o 15, a resposta é "não". Mas e se estiver apontado também para o boxe 5? Será que as aspas em torno de "negrito" significam que o texto não contém a palavra "negrito", mas sim a palavra ""negrito"" (com um par extra de aspas)? A interpretação de Abbott — que você terá de seguir se quiser solucionar o labirinto — é que as aspas são irrelevantes, e a resposta é "sim" quando ambos os lápis estão no boxe 5.

O boxe 50 pergunta se o outro lápis aponta para um texto referente a vacas. Uma boa pergunta — com apenas um detalhe: a palavra "vacas" não aparece em nenhum outro boxe. Mas, é claro, *ambos* os lápis podem estar apontados para o boxe 50, caso em que a resposta é "sim", de modo que você pode sair para VACA — a menos que alegue que o boxe 50 não se refere a uma vaca como tal: refere-se a uma *referência* a vacas, o que é uma coisa muito diferente. Se é isso que você pensa, nunca sairá desse labirinto, de modo que deveria evitar se prender a detalhes filosóficos insignificantes desse tipo.

Aliás, a imagem da VACA (que eu acrescentei) não é um *texto* que se refere a vacas. Mas, se seu lápis estiver apontado para VACA, você saiu do labirinto de todo modo, portanto a questão é irrelevante.

A esta altura, talvez você já esteja convencido de que a única maneira de sair do labirinto é conseguir fazer com que os dois lápis apontem para o boxe 50. Isso seria verdade na ausência do boxe 60, que muda as regras. Se conseguir ter um lápis no 50 quando a regra 60 está em vigor, você se safou, onde quer que esteja o outro lápis. De fato, há uma *outra* maneira de fazer uma saída legal do boxe 50 pelo caminho do SIM. Consegue encontrá-la?

A situação mais estranha que poderia ocorrer é aquela em que ambos os lápis apontam para o boxe 26. Desta vez, a pergunta é realmente autorreferencial, e não há resposta clara para ela. O que acontece então? Com muita astúcia, Abbott construiu este labirinto de tal modo que, sempre que os dois lápis apontarem para o boxe 26, a regra 60 estará em vigor. Assim, o texto do boxe 26 é ignorado! O mesmo ocorre se os dois lápis estiverem apontados para o 61.

O que você deve fazer agora é tentar, sem nenhuma outra ajuda adicional. Se a perspectiva lhe parecer assustadora, há algumas indicações no final, seguidas por uma resposta completa. Talvez queira também ler a seção "Feedback", que adverte para erros comuns na interpretação das regras.

Para impedi-lo de ler as indicações acidentalmente agora, vou perguntar: "Isto é realmente um labirinto, e se for, em que sentido?"

Tradicionalmente, um labirinto é uma rede de caminhos *fixos*, que pode tanto ser feito com arbustos de teixo plantados e aparados na forma conveniente, quanto desenhado numa folha de papel. Além disso, normalmente esperamos mover um único objeto através dele, não dois. Com estas restrições, há alguns métodos matemáticos gerais que podemos usar para percorrer qualquer labirinto, em especial o algoritmo da "busca em profundidade primeiro", que procura explorar um novo território sempre que possível. Para compreender como ele funciona, primeiro defina que há um "nó" em qualquer lugar do labirinto, onde você pode escolher entre diferentes caminhos — isto é, um lugar em que vários caminhos se encontram. O procedimento da busca em profundidade primeiro é:

1. Comece no nó de COMEÇO.
2. Se possível, visite qualquer nó adjacente que ainda não tenha sido visitado e continue fazendo isso até não poder mais.
3. Nesse caso, refaça seu caminho anterior até encontrar o primeiro nó próximo a um nó não visitado e visite-o; depois retorne ao estágio 2.
4. Se você refez algum caminho, nunca mais o utilize.

Se continuar fazendo isto, você seguramente visitará todas as partes do labirinto, inclusive a meta — a menos que esta não esteja ligada ao começo por caminho algum, colocando-o diante de um labirinto muito idiota.

À primeira vista, este método não se aplica a "vacas", por causa das mudanças de regras, que alteram os caminhos disponíveis, e da escolha de qual lápis mover. No entanto, esse julgamento é um pouco superficial, porque "vacas" é equivalente a um labirinto mais complicado do tipo comum. Para começar, suspenda a mudança de regras dos boxes 60 e 65: explicarei como lidar com elas mais tarde. Primeiro, liste todas as "posições" distintas, os *pares* de números para os quais os lápis apontam. Considere VACA como um número também. Por exemplo, (1,7) representa a posição de um lápis apontando para o boxe 1 e outro para o 7. Observe que (7,1) representa o mesmo estado, pois não importa qual lápis é qual. Esses pares de números formam os nós do novo labirinto. Em seguida, liste todos os movimentos permitidos possíveis — por exemplo, podemos ir de (1,7) para (1,26) ou para (2,7), mas não para nenhum outro lugar. Esses movimentos formam os caminhos que conectam os nós uns aos outros. Agora você construiu um labirinto convencional, e qualquer solução para ele se traduz numa solução do labirinto "vacas". Há apenas uma característica curiosa: agora a "saída" é qualquer nó da forma (VACA, ?) ou (?, VACA), porque somente *um* lápis precisa chegar a VACA para resolver o labirinto "onde estão as vacas?".

As mudanças de regra nos boxes 60 e 65 são ambas controladas pela regra 60. Para lidar com isso, acrescente um asterisco a posições para as quais a regra 60 está em vigor. Assim, (1,7) significa que um lápis aponta para o boxe 1 e outro para o 7, e a regra 60 não está em vigor; enquanto que (40,50)* significa que um lápis aponta para o boxe 40, outro para o 50, e a regra 60 está em vigor. Mais uma vez, a única coisa que você precisa fazer é listar todos os pares estrelados *e* não estrelados, encontrar os movimentos legais e interpretar os resultados como os nós num labirinto e caminhos entre eles. Pois bem, quando a regra 60 passa a valer, você não altera o labirinto: simplesmente se move para uma parte dele em que os nós têm asteriscos. Se quisesse resolver "vacas" na força bruta, poderia montar tudo num computador, começar fazendo uma busca em profundidade e, então, chegaria diretamente à resposta.

E se você não quiser recorrer à força bruta? Há várias estratégias a seu dispor. Uma é procurar características essenciais do labirinto. Por exemplo, para chegar a VACA você precisa ter um lápis apontado para o boxe 50 e estar numa situação para a qual a saída correta seja SIM. Como foi dito antes, há três maneiras de fazer isto. O boxe 40 tem apenas uma saída: SIM se a regra 60 estiver em vigor, NÃO se não estiver. Outro truque é avançar para trás a partir de uma posição desejada para ver de onde você poderia ter vindo. E, compilando um número suficiente de caminhos parciais através do labirinto, você pode ser capaz de reuni-los num caminho completo.

DICAS

Se você tentou tudo isto e ainda está emperrado, aqui estão algumas dicas.

- Para chegar a VACA, você precisa atingir a posição (50,50), na qual ambos os lápis apontam para o boxe 50 e a regra 60 não está em vigor. Os outros dois modos potenciais de solucionar o labirinto não podem ser efetivamente realizados.
- Para atingir (50,50), é preciso chegar primeiro a (35,35). Você estará, então, a 18 passos de VACA.
- Para chegar a (35,35), você precisa atingir (61,75) e mover o lápis que aponta para o boxe 61. Depois, ambos os lápis podem ser movidos de modo que apontem para o boxe 1. Daí é fácil chegar a (35,35).
- Há muitas maneiras de chegar do começo (1,7) a (61,75). Todas exigem que você ative a regra 60 e depois a cancele no boxe 65.

RESPOSTA

Em cada par, o número sublinhado é o lápis que você deve escolher mover. O asterisco mostra que a regra 60 está em vigor.

(1,7) (1,26) (2,26) (15,26) (26,40) (26,60) (55,60) (25,55)* (7,55)* (26,55)* (55,61)* (15,61)* (40,61)* (61,65)* (61,75) (1,1) (1,9) (1,35) (9,35) (35,35) (35,40) (35,60) (25,35)* (7,35)* (26,35)* (35,61)* (1,35)* (9,35)* (2,35)* (15,35)* (5,35)* (5,40)* (25,40)* (25,65)* (25,75) (50,75) (50,50) VACA

A parte até (61,75) requer 14 movimentos, o que Abbott conjectura ser o mínimo. (Alguém conseguiu uma prova disso?) Várias alternativas são possíveis. O resto é a única solução possível, com a ligeira exceção de que (5,65)* pode ser substituído por (25,40)*.

FEEDBACK

"Vacas no labirinto" foi fonte de considerável diversão e entusiasmo. O feedback dos leitores me valeu vários momentos de pânico, com pessoas afirmando ter encontrado respostas mais curtas, respostas melhores, erros em minha resposta (isto é, na de Abbott), e coisas do gênero. Vários afirmaram que eu estava errado ao declarar que qualquer solução deve envolver a chegada à casa (50,50) com a regra 60 não em vigor. No entanto, quando verifiquei as supostas soluções, constatei que, em todos os casos, havia um erro.

Vou usar a notação da coluna, com um sublinhado indicando que lápis deve ser movido e um asterisco mostrando que a regra 60 está em vigor. A tentativa de um leitor começou (1,7) (1,26) (1,55) (1,15) (9,15) (35,15) (35, 40)... No entanto, quando o lápis se move a partir da posição (35,15), a instrução na caixa 15 diz "O outro lápis está numa caixa cujo número é divisível por cinco?". A resposta aqui é "sim", e isto leva a (35,5), e não (35,40).

Um erro mais interessante ocorreu na seguinte solução reivindicada: (1,7) (2,7) (15,7) (15,26) (15,61) (40,61) (60,61) (25,61)* (7,61)* (26,61)* (61,61)* (1,61)* (2,61)* (15,61)* (40,61)* (65,61)* (75,1), (50,1), VACA. Seu autor observou que "a regra 60 *não* está cancelada" como resultado da manobra de (65,61)* para (75,1). Há um claro equívoco aqui. Se você chegou a (65,61)* e escolheu mover o lápis 61, então, como a regra 60 está em vigor, você deve ignorar o texto em negrito — que é a única coisa que há no boxe 61. Isto o leva a (65,1), porque a regra 60 lhe diz para usar a saída "sim" para o lápis escolhido. Para chegar a (75,1), você teria de *obedecer* ao texto em negrito no boxe 61, que lhe diz para mover ambos os lápis — mas você não pode fazer isso quando a regra 60 está em vigor.

Muitos mal-entendidos surgem da confusão sobre as ocasiões em que a regra 60 entra em vigor. Como todas as outras instruções, ela só entra em vigor depois que você *escolhe* mover o lápis que está apontando para esse boxe, no momento. Ela não entra em vigor assim que um dos lápis chega ao boxe 60, porque você pode não escolher esse lápis no próximo movimento. A solução de Abbott envolve um movimento de (26,60) para (55,60), com a regra 60 não vigorando. Como o lápis 26 é escolhido, a regra 60 não é ativada dessa vez. Meu correspondente contestou, dizendo que a instrução no boxe 60 contém a palavra "agora" — mas esse termo é relativo. Ele se refere ao que você faz quando escolhe mover o lápis que está no boxe 60: não se aplica até que você faça essa escolha.

WEBSITES

Geral
http://en.wikipedia.org/wiki/Maze

Site de Robert Abbott
http://www.logicmazes.com/super.html

Labirintos lógicos
http://www.logicmazes.com/

Quebra-cabeças on-line com labirintos
http://www.clickmazes.com/

História dos labirintos
http://gwydir.demon.co.uk/jo/maze/

– 14 –
Voltas do cavalo em retângulos

Este é um enigma que tem pelo menos 1.200 anos de idade: mova o cavalo pelo tabuleiro de xadrez de modo que ele passe por cada um dos quadrados. Embora muitos já tenham quebrado a cabeça, ainda há muita coisa que não compreendemos. Até tabuleiros retangulares conservam alguns mistérios. Mas algumas das grandes questões foram resolvidas recentemente.

Um dos problemas tradicionais da matemática recreativa são as "voltas do cavalo", em que se requer que o cavalo do xadrez mova-se através de tabuleiros de vários formatos e tamanhos de modo a visitar cada um dos quadrados uma única vez. Se com mais um movimento ele puder retornar a seu quadrado inicial, diz-se que a volta está completa. (Lembre-se de que o cavalo se move dois quadrados em paralelo a uma das bordas do tabuleiro, seguido por mais um quadrado em ângulo reto.) A Figura 51 mostra uma das voltas clássicas do cavalo num tabuleiro, descoberta por Abraham De Moivre algum tempo antes de 1800. Esta volta não está completa. Para esse fim, o tabuleiro é meramente uma grade de quadrados 8 × 8, e outros formatos de tabuleiro logo foram investigados.

Voltas de cavalo têm uma longa história. No século IX, o poeta Rudrata, da Caxemira, escreveu um poema em sânscrito, *Kavyalankara*, que codificava uma volta de cavalo num tabuleiro 4 × 8 (meio tabuleiro de xadrez), em sua sequência de padrões de acentuação silábica. O problema geométrico explícito parece ter se originado com o matemático inglês Brook Taylor por volta de 1700, que o formulou para um tabuleiro de xadrez comum de 8 × 8; as primeiras soluções foram enviadas a Taylor por De Montmort e De Moivre e foram publicadas na edição de 1803 de *Récréations Mathé-*

matiques et Physiques, de Jacques Ozanam. O primeiro método sistemático para encontrar voltas do cavalo foi publicado por H.C. Warnsdorff em 1823. Desde então, o problema foi estendido a tabuleiros com outros formatos, a "tabuleiros" tridimensionais e até a tabuleiros infinitos.

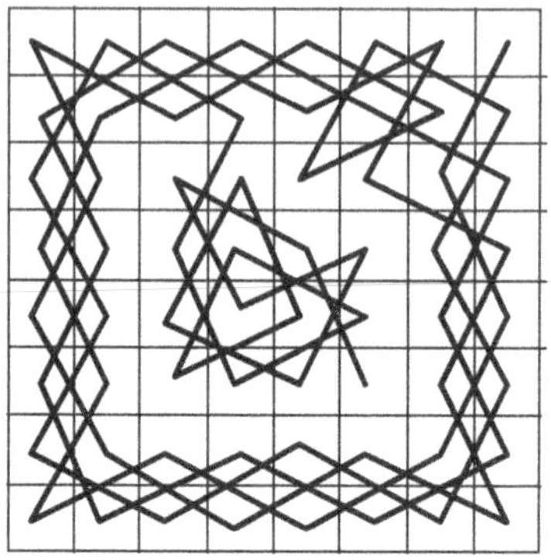

Figura 51. Volta de De Moivre.

A literatura sobre voltas do cavalo é vasta, mas dispersa. Inclui clássicos como *Amusements in Mathematics*, de Henry Ernest Dudeney, *Mathematical Recreations and Essays*, de Walter William Rouse Ball e Harold Scott MacDonald ("Donald") Coxeter, e *Mathematical Recreations*, de Maurice Kraitchik. Em 1991, porém, Allen J. Schwenk (West Michigan University, Kalamazoo) observou que a literatura moderna disponível parecia não conter uma resposta para uma pergunta perfeitamente natural: que tabuleiros retangulares suportam uma volta completa do cavalo? Várias fontes relatam que a pergunta de Schwenk foi respondida por Leonhard Euler ou Alexandre-Theophile Vandermonde, mas não indicam nem o resultado efetivo nem sua prova. Das fontes listadas, Kraitchik é quem chega mais perto de fornecer uma resposta, mas ele supõe que um lado do retângulo tem tamanho 7 ou menos. Rouse Ball lida apenas com o caso 8 × 8. Dudeney apresenta vários quebra-cabeças que se reduzem ao caso 8 × 8, juntamente com um que requer uma volta pela superfície de um cubo 8 × 8 × 8.

De qualquer modo, Schwenk adotou o ponto de vista de que é mais divertido a pessoa tentar encontrar ela mesma uma solução do que investigar arquivos empoeirados. Ele desenvolveu uma solução que pode ser facilmente explicada para alunos de matemática, e que ilumina várias questões de "matemática discreta". Despojando-a de alguns detalhes técnicos, é possível torná-la acessível a quase qualquer pessoa. Tentarei resumir aqui a elegante análise de Schwenk; para explicações completas, ver "Sugestões de leitura".

Matematicamente, o problema da volta do cavalo se reduz a encontrar um "ciclo hamiltoniano" num grafo. Um grafo é uma coleção de pontos (nós) unidos por linhas (arestas): um ciclo hamiltoniano é um caminho completo que visita cada nó exatamente uma vez. O grafo associado a um dado tabuleiro de xadrez é obtido colocando-se um nó no centro de cada quadrado e traçando arestas entre nós que estão a um movimento do cavalo de distância um do outro (Figura 52). É útil pensar nos nós como sendo brancos ou pretos, correspondendo ao padrão de cores usual do tabuleiro de xadrez. Ao se mover, o cavalo pula de um nó de uma cor para um da cor oposta, de modo que os nós devem ser alternadamente brancos e pretos em torno de qualquer ciclo hamiltoniano. Isto, por sua vez, implica que o número total de nós deve ser *par*. O tabuleiro de 3×5 tem 15 nós, um número ímpar, portanto provamos (mesmo sem experimentar) que nenhuma volta completa do cavalo é possível. O mesmo pode ser dito de qualquer tabuleiro retangular de tamanho $m \times n$, onde m e n são ambos ímpares.

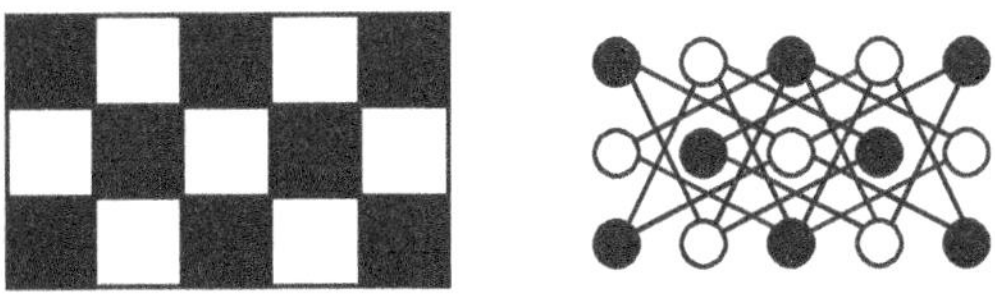

Figura 52. Tabuleiro de xadrez 3 × 5 e diagrama do movimento correspondente do cavalo.

Esse tipo de argumento é conhecido em círculos matemáticos como prova de paridade, porque depende da distinção entre pares e ímpares, e sua aplicação a voltas do cavalo é bem conhecida. Menos conhecida é uma prova de paridade mais sutil, descoberta por Solomon Golomb e, numa forma modificada, por Louis Pósa, demonstrando que não há volta completa do cavalo em nenhum tabuleiro $4 \times n$. A versão de Pósa introduz uma segunda coloração, com as fileiras de cima e de baixo do tabuleiro sendo "vermelhas" e as duas do meio, "azuis" (Figura 53); a prova de Golomb junta as duas combinações de cores.

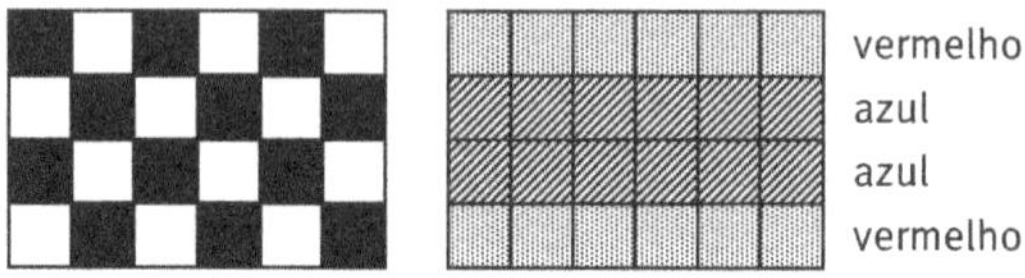

Figura 53. Método de coloração de Golomb e Pósa.

Descreverei a prova aqui usando a abordagem de Pósa. Não é mais verdade que nós azuis são unidos apenas a nós vermelhos, porque alguns nós azuis são unidos a outros nós azuis. No entanto, todos os nós vermelhos são unidos apenas a nós azuis. Assim, qualquer ciclo hamiltoniano provável consiste de nós vermelhos únicos, separados por cadeias de nós azuis. Mas a quantidade de nós vermelhos e azuis é igual, de modo que nós das duas cores devem se alternar ao longo do ciclo. Mas o mesmo pode ser dito de nós brancos e pretos, usando-se a coloração mais tradicional. Assim, começando no canto esquerdo superior, concluímos que todos os nós vermelhos são pretos e todos os azuis são brancos. Como os dois esquemas de coloração são obviamente diferentes, isto é absurdo, portanto o suposto ciclo não pode existir.

Agora podemos expor a bela caracterização que Schwenk fez dos tabuleiros retangulares que suportam voltas do cavalo. Um tabuleiro $m \times n$ (tomamos $m \times n$ aqui para evitar duplicações) suporta uma volta do cavalo *a menos que*

- m e n sejam ambos ímpares
- $m = 1$, 2 ou 4
- $m = 3$ e $n = 4$, 6 ou 8.

Deixem-me esboçar a prova. Já descartamos os casos em que m e n são ambos ímpares e em que $m = 4$. É fácil ver que, quando $m = 1$ ou 2, simplesmente não há espaço para o cavalo se mover pelo tabuleiro. De fato, o nó esquerdo superior tem apenas uma aresta conectada a ele, de modo que nenhum ciclo fechado pode passar por ele. O caso 3 × 4 foi solucionado pelo argumento de Pósa. Já no formato 3 × 6, observe que a retirada de dois nós, o mais alto e o mais baixo da coluna três, divide o diagrama em três partes desconectadas. No entanto, a retirada de dois nós do ciclo hamiltoniano sempre produz *duas* partes desconectadas. O caso 3 × 8 é mais complicado e você deveria consultar o artigo de Schwenk ou tentar descobri-lo por si mesmo. (Se conseguir encontrar uma prova de impossibilidade *simples* para o tabuleiro 3 × 8, não deixe de me avisar.)

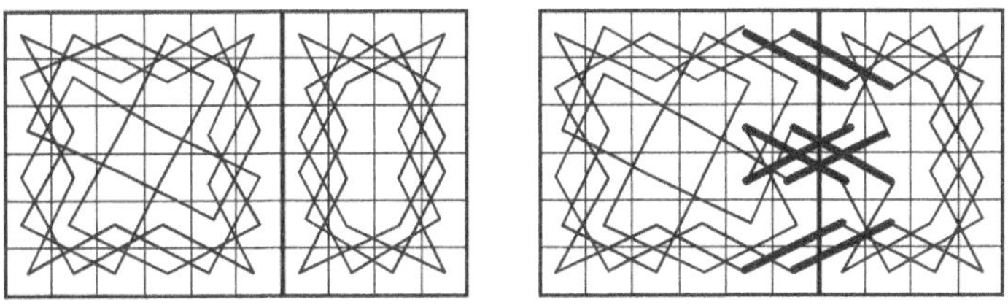

Figura 54. Acréscimo de quatro colunas a uma volta existente (aqui, a volta 6 × 6 à esquerda): faça conexões de ida e volta usando as linhas em negrito.

Isso completa a prova de impossibilidade nos casos mencionados. Resta provar que as voltas são possíveis em todos os outros tamanhos de tabuleiro. A ideia fundamental é que uma volta num retângulo $m \times n$ pode sempre ser estendida para uma volta num retângulo $m \times (n + 4)$, desde que certas condições técnicas sobre a existência de certas arestas na volta sejam seguidas (Figura 54). Além disso, essas condições técnicas permanecem válidas para a volta no retângulo maior, de tal modo que o processo de extensão pode continuar indefinidamente. Por simetria, uma volta num retângulo $m \times n$ pode sempre ser estendida para uma volta num retângulo $(m + 4) \times n$.

Assim, por exemplo, se começamos com uma volta num retângulo 5 × 6, sabemos que podemos também encontrar voltas em retângulos de tamanhos 5 × 10, 5 × 14, 9 × 6 (portanto 6 × 9), 9 × 10, 9 × 14, 13 × 6, 13 × 10, 13 × 14 e assim por diante. Cada "tamanho inicial" gera toda uma família de tamanhos para os quais a existência de uma volta do cavalo é garantida. O passo final é encontrar tamanhos iniciais suficientemente diferentes para que esse processo gere todos os tamanhos requeridos. No fim das contas, nove são suficientes: os tabuleiros de tamanho 5 × 6, 5 × 8, 6 × 6, 6 × 7, 7 × 8, 6 × 8, 8 × 8, 3 × 10 e 3 × 12 (Figura 55). Golomb havia resolvido anteriormente o caso 10 × 3. A partir destes, e dos diagramas correspondentes girados por um ângulo reto, e acrescentando repetidamente múltiplos de quatro a cada lado, podemos gerar voltas de todos os tamanhos possíveis. A prova está completa.

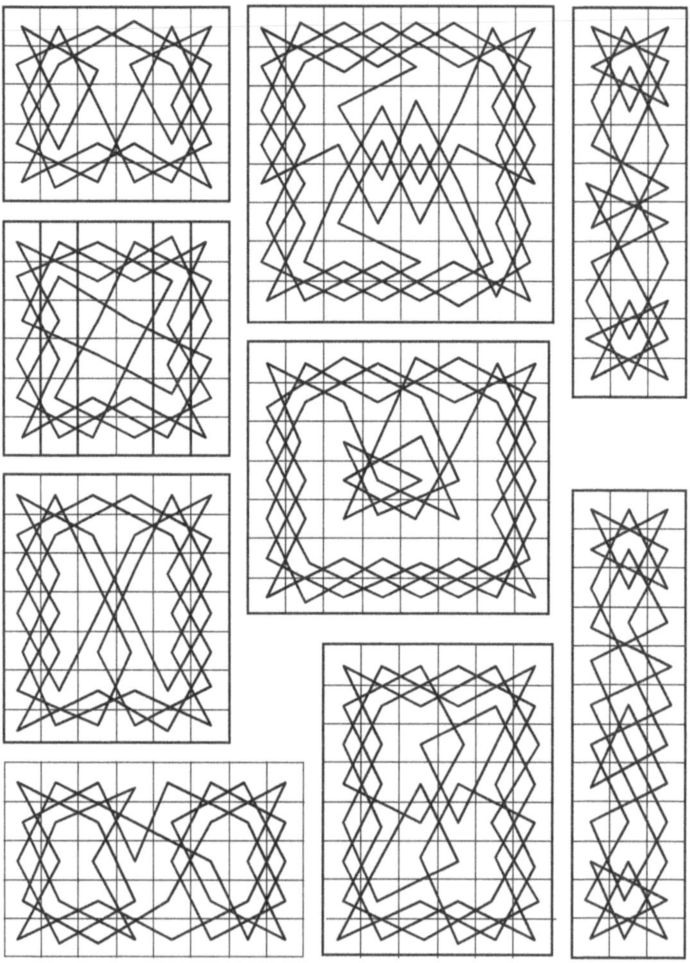

Figura 55. Os nove casos iniciais a partir dos quais todos os outros podem ser gerados.

FEEDBACK

Andy Campbell, de West Hartford, Connecticut, lembrou o antigo problema de uma volta mágica do cavalo. Trata-se de uma volta completa do cavalo no tabuleiro de 8 × 8, com a propriedade de que, se posições sucessivas forem numeradas de 1 a 64, os números formam um quadrado mágico. Isto é, as somas de todas as fileiras, de todas as colunas e de todas as diagonais são iguais. Até recentemente (e no momento em que escrevi a coluna), a existência de tal volta não havia sido nem provada nem refutada. No entanto, sabia-se de várias tentativas que tinham fracassado "por muito pouco". Um quadrado que é mágico exceto por suas duas diagonais é chamado de *semimágico*, e, em 1882, E. Francony descobriu uma volta semimágica do cavalo (Figura 56). Todas as fileiras e colunas totalizam 260, mas as diagonais dão 264 e 256.

2	59	62	7	18	43	46	23
61	6	1	42	63	24	19	44
58	3	60	17	8	45	22	47
53	16	5	64	41	20	25	36
4	57	52	9	32	37	48	21
15	54	13	40	49	28	35	26
12	51	56	31	10	33	38	29
55	14	11	50	39	30	27	34

Figura 56. Volta do cavalo formando um quadrado mágico, exceto pelas diagonais.

Este "fracasso por pouco" resistiu ao teste do tempo, e por uma boa razão. Em 2003, após uma contagem que levou mais de dois meses de tempo total de processamento, foi provado que essa volta não existe. A prova foi realizada mediante o uso de "computação distribuída", o que significa que voluntários puderam baixar o software e realizar uma parte da tarefa em seus próprios computadores, no seu próprio tempo. O software foi escrito por Jean Meyrignac, e Günter Stertenbrink montou um website que permitia aos voluntários solucionar partes do problema de forma independente e enviar os resultados. Juntos, eles encontraram 140 voltas semimágicas diferentes, mas, depois que todas as possibilidades foram esgotadas, nenhuma era mágica. Ver Websites abaixo.

Richard Ulmer, de Denver, Colorado, observou que minha volta 6×6 é uma das dez voltas (num total de 9.862) a possuir simetria rotacional de 90° (Figura 57). Eu havia observado que o menor valor de n para o qual uma volta é possível no tabuleiro de $3 \times n$ é 10. Ele calcula que há exatamente 16 voltas nesse tabuleiro, 176 no tabuleiro de 3×11, 1.536 no de 3×12 e assim por diante, até o assombroso número de

107.141.489.725.900.544

voltas diferentes no tabuleiro de 3×42. Há oito soluções no tabuleiro de 5×6, 44.202 no de 5×8 e 13.311.268 no de 5×10.

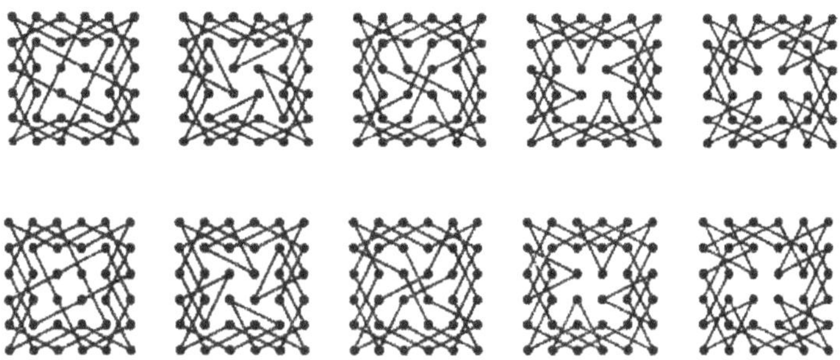

Figura 57. As dez voltas rotacionalmente simétricas num tabuleiro de 6×6.

Ele também tem informação sobre simetrias. Por exemplo, nenhuma volta de cavalo pode ter simetrias reflexionais diagonais. Num retângulo cujos lados são números pares, nenhuma volta é simétrica em torno de um eixo principal. Quando o lado vertical é ímpar, uma volta com simetria reflexional horizontal continua sendo impossível. No entanto, em alguns tabuleiros, existem voltas com simetria reflexiva (Figura 58). Especificamente, elas podem ocorrer quando um lado é ímpar e o outro é o dobro de um número ímpar. Sua hipótese atual é que — talvez com poucas exceções — voltas com simetria reflexiva existem em todos esses tabuleiros. No momento não há uma prova — de modo que aqui está mais um bom problema com que você pode se engalfinhar.

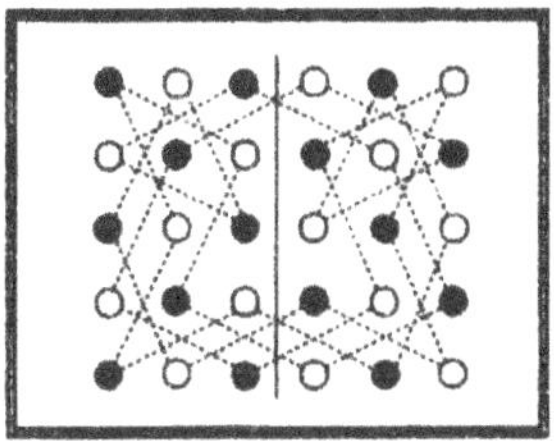

Figura 58. Volta do cavalo bilateralmente simétrica num tabuleiro de 6 × 5.

WEBSITES

Gerais

http://mathworld.wolfram.com/KnightGraph.html

http://en.wikipedia.org/wiki/Knight%27s_tour

Links

http://www.velucchi.it/mathchess/knight.htm

História das voltas do cavalo mágicas

http://www.ktn.freeuk.com/1d.htm

Inexistência da volta do cavalo mágica num tabuleiro 8 × 8

http://www.maybematics.com/t/history/1d.htm

http://mathworld.wolfram.com/news/2003-08-06/magictours/

Volta do cavalo mágica num tabuleiro 12 × 12

http://www.gpj.connectfree.co.uk/gpjh.htm

- 15 -
O desafio do cálculo da cama de gato

A única coisa de que você precisa é uma volta de barbante e um amigo para ajudar quando duas mãos não bastarem mais. A "cama de gato" nada mais é que uma enorme série de formas feitas com barbante, descoberta em muitas culturas. Mas o que há de matemático nisso?

Este capítulo é sobre um tópico da matemática recreativa que — até onde eu sabia quando escrevi sobre ele pela primeira vez — não existia, e, em grande parte, ainda não existe, mas deveria existir. O que eu queria era um "cálculo" para os jogos tradicionais de figuras como "cama de gato" e suas inúmeras variantes. Vou seguir a coluna original, estabelecendo esta perspectiva como um desafio e descrevendo alguns dos fenômenos que um cálculo desse tipo deveria apreender. A seção "Feedback" atualiza o assunto e explica até que ponto o desafio foi atendido.

Figuras com barbantes podem ocorrer em muitos lugares, inclusive na literatura. Em *Cat's Cradle*, romance de ficção científica de Kurt Vonnegut, o mundo tal como o conhecemos chega ao fim quando todos os mares se congelam em "gelo nove", uma variante hipotética do gelo normal, que é sólido à temperatura ambiente. O gelo nove é uma criação do dr. Felix Hoenikker, que deixa uma pequena lasca da substância como legado a seus três filhos, Angela, Frank e Newt. Felix é um pai incompetente — razão por que, no final, essa lasca de gelo nove escapa e congela os oceanos, os rios e a maior parte das criaturas vivas. Em duas passagens, Vonnegut faz alusão ao título do livro. A ocasião em que o pequeno Newt vê seu pai chegar mais perto de jogar um jogo é quando Felix se apossa de um pedaço de barbante e faz uma cama de gato com ele. "Ele saiu do escritório de repente e fez uma coisa que nunca tinha feito antes", relata Newt. "Tentou brincar comigo." Mas a tentativa foi um melancólico fiasco, e, muito mais tarde no livro, Newt explica por quê:

"Há talvez 100 mil anos ou mais, adultos vêm agitando emaranhados de cordão na cara dos filhos... Não espanta que as crianças fiquem malucas. Uma cama de gato nada mais é que um punhado de Xs entre as mãos de alguém, e crianças pequenas olham, olham e olham para todos esses Xs..."

"E?"

"*Não veem nenhum maldito gato e nenhuma maldita cama.*"

A história de Vonnegut precisa de um personagem cético, e Newt atende aos requisitos — mas seu diagnóstico da causa das agruras da infância de Newt provavelmente não tem uma aplicação geral. Figuras de barbante, das quais a cama de gato é o exemplo mais conhecido, são populares há séculos em muitas culturas, e as crianças as apreciam tanto quanto os adultos. Sem dúvida, é preciso ter um pouquinho de imaginação para ver o suposto gato. A cama é bem mais crível.

O jogo básico de cama de gato é muito conhecido, mas nem todo mundo percebe que sua sequência completa envolve *oito* figuras diferentes. Além disso, inúmeras outras figuras podem ser construídas da mesma maneira geral, com uma simples volta de barbante, segurando entre os dedos de duas mãos, envolvendo-os e enrolando-os. Embora figuras de barbante não possuam características matemáticas explícitas, é o tipo de coisa que deveria interessar a todo matemático recreativo, com sua curiosa mistura de geometria, topologia e combinatória. Elas ilustram o grau em que a topologia de uma volta de barbante é incapaz de captar suas propriedades geométricas mais ricas, como a forma. Para um topologista, todas as formas que podemos fazer torcendo e emaranhando a volta original são, de fato, exatamente a mesma coisa que essa volta. Para um geômetra, porém, isso não ocorre — e a variedade das formas possíveis é bela e surpreendente.

Talvez Newt Hoenikker fosse um topologista.

Acho que deve ser possível inventar um "cálculo" das formas da cama de gato, um tipo de álgebra que descreva como chegar da desinteressante volta inicial a formas mais significativas, fazendo sequências de vários tipos de "movimentos" comuns. A disciplina conhecida como teoria dos nós — especialmente a parte chamada de "tranças" — procede de maneira muito parecida. Seu objetivo, no entanto, é captar quando duas voltas são topologicamente iguais, ao passo que o objetivo do cálculo da cama de gato deveria ser captar quando duas voltas topologicamente equivalentes são geometricamente *diferentes*.

Para seguir as instruções abaixo, você precisa de um pedaço de barbante macio e liso de cerca de um metro de comprimento, com as pontas atadas, formando uma volta fechada. A sequência completa da cama de gato é mostrada na Figura 59. Ela exige dois jogadores, Angela e Bill, que se revezam para retirar a volta de cordão das mãos um do outro. Primeiro, Angela monta a cama (Figura 59a,b). Há um movimento básico na sequência, usado em quase todos os passos, e esse é o primeiro lugar em que ele surge. Bill se posta à direita (digamos) de Angela. Olhando de cima para a figura, ele pode ver dois cruzamentos: ele os apanha, um em cada mão, e os afasta (Figura 59c). Depois, puxa os cordões para fora do centro da figura, por cima da borda exterior, para baixo, para dentro e de volta para cima através do buraco no centro (Figura 59d). Quando Bill abre as mãos e separa o dedo polegar do indicador, Angela afrouxa o barbante em torno de seus dedos e deixa-o escorregar. Agora Bill pode pegar a nova figura em suas mãos (Figura 59e). Este segundo estágio é chamado de *cama de soldado*. Agora, se Angela repetir exatamente os mesmos movimentos, começando por esta segunda figura, ela cria a terceira (Figura 59f), conhecida como *velas*.

Para passar das velas para a quarta figura, um novo movimento é necessário. Primeiro, Bill puxa para o lado dos dois cordões internos com seus dedos mínimos, e introduz o polegar e o dedo indicador no centro da figura, a partir de baixo. Isto é similar ao movimento básico, mas nenhum cordão cruzado é transportado. Por fim, Bill abre o polegar e o indicador e agarra as voltas em torno de seus dedos mínimos, curvando-os sobre elas. O resultado é a Figura 59g, a *manjedoura*. Como um parêntese matemático, a manjedoura é exatamente igual à cama de gato, mas às avessas, portanto, toda a sequência poderia agora ser seguida ao contrário. A rota tradicional, contudo, apresenta guinadas inesperadas.

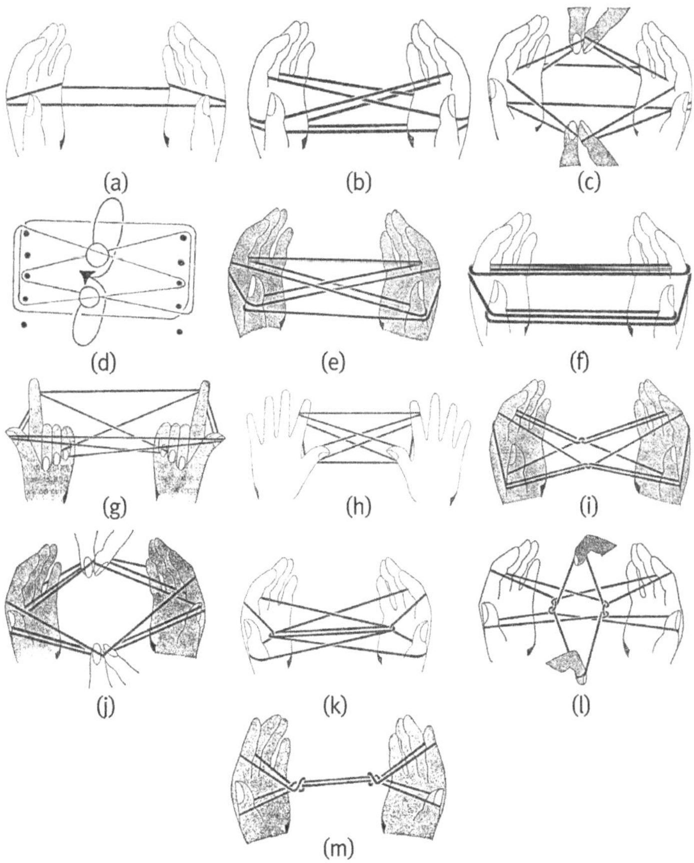

Figura 59. Cama de gato.

A partir da manjedoura, mais uma repetição do movimento básico, também realizada às avessas (pegue os cruzamentos por baixo, em vez de por cima), leva — como seria de esperar — à cama de soldado às avessas (Figura 59h). Tradicionalmente, esta quinta forma é chamada de *losangos*. Mais uma repetição do movimento básico, desta vez da maneira usual, por cima, produz o *olho de gato* (Figura 59i). Apanhando de uma maneira ligeiramente diferente (Figura 59j) e puxando as mãos para trás *sem* investir de volta por baixo em direção ao meio, chegamos ao *peixe no prato* (Figura 59k).

A forma final é mais vaga. Bill usa os dedos mínimos para separar os barbantes centrais (Figura 59l) e depois apanha os cruzamentos da maneira usual. Em seguida, vira os polegares e dedos indicadores para dentro e para cima, para obter a oitava forma, o *relógio* (Figura 59m). Não tenho ideia da razão desse nome, e, neste momento, sinto certa solidariedade com Newt.

Usando movimentos diferentes, é possível mudar a ordem da sequência — por exemplo, passando direto da cama para as velas, ou da cama de soldado para o olho de gato. Um cálculo eficaz da cama de gato deveria ser capaz de lidar com essas variações.

A sequência descrita acima é comum a muitas culturas, mas os nomes variam consideravelmente e incluem:

- *Cama*: berço, cobertura de carro fúnebre, água
- *Cama de soldado:* tabuleiro de xadrez, gato da montanha, janela de igreja, tanque de peixes
- *Velas:* pauzinhos, solas de tamanco, instrumento musical, espelho
- *Manjedoura*: berço emborcado
- *Losangos*: quadrados
- *Olho de gato*: globo ocular de vaca, olho de cavalo, losangos
- *Peixe no prato*: instrumento musical, moedor de arroz
- *Relógio*: considerando a pouca semelhança entre essa forma e um relógio, é curioso que somente ela pareça não ter nenhum outro nome

Como um exemplo das muitas alternativas que podem ser formadas, vou dar instruções para uma forma que pode ser feita por um único jogador, usando uma série de movimentos mais elaborada. Esta figura, *losangos indianos*, começa de uma maneira muito semelhante à cama de gato, mas não exatamente igual (Figura 60). Comece com a volta de barbante usual (Figura 60a), depois apanhe o barbante que corre através da palma esquerda com o dedo indicador direito (Figura 60b) e repita o movimento com a outra mão (Figura 60c). Em seguida, escorregue o barbante para fora de seus polegares, curvando-os um em direção ao outro e separando as mãos de maneira suave, mas constante. Vire as mãos de modo que as palmas fiquem viradas para cima. Passe os polegares por debaixo de todos os barbantes, fisgue os barbantes presos nos dedos mínimos e gire as mãos de volta, puxando o barbante do dedo mínimo em direção a você

(Figura 60d). Esse movimento é mais natural do que parece, e se tentar reproduzi-lo, verá que o barbante que apanha é o "óbvio" para este método.

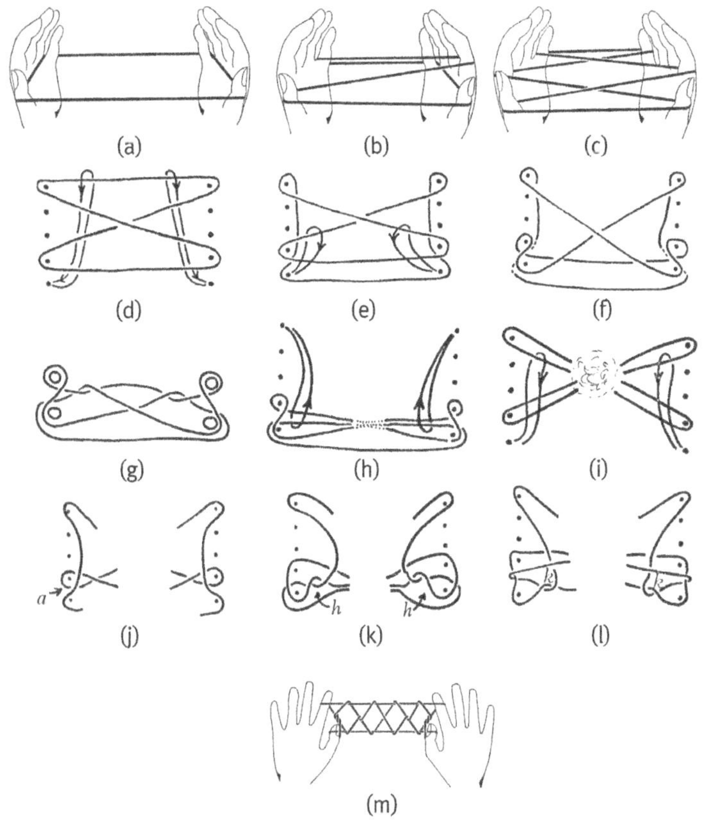

Figura 60. Losangos indianos.

A Figura 60e mostra que aparência têm os barbantes agora, e o que fazer em seguida. Passe os polegares por cima do barbante imediatamente diante deles, depois por baixo dos barbantes seguintes, para apanhá-los com as costas dos polegares e obter a Figura 60f. Em seguida, deslize as voltas para fora dos dedos mínimos, curvando os dedos e puxando as mãos suavemente para fora. O resultado (Figura 60g) é bastante emaranhado, mas, desse ponto em diante, fica mais simples. A Figura 60h mostra o movimento seguinte: curve os dedos mínimos em direção a você, virando as mãos se desejar, e curve os dedos por cima do primeiro barbante que eles encontrarem (a partir dos dedos indicadores) e por baixo do barbante seguinte depois disso (a partir dos polegares). Agora, endireite os dedos mínimos.

Nesse estágio, há duas voltas em cada polegar, e você deveria soltá-las, tal como antes. Depois disso, o barbante parece muito mais simples (Figura 60i), exceto por um nó emaranhado no meio, que não vou me dar ao trabalho de ilustrar porque é irrelevante. Passe o polegar por cima dos dois barbantes que fazem uma volta no dedo indicador, depois por baixo do barbante mais próximo da laçada do dedo mínimo e de volta para onde você começou. Talvez precise torcer um pouco as mãos aqui.

O barbante deveria parecer como na Figura 60j. O passo seguinte é incomum. Usando os dedos da mão direita, apanhe o barbante no ponto marcado "a" e erga-o acima do polegar esquerdo, a menos de um centímetro. Depois, repita com a outra mão. Tome cuidado para apanhar o barbante *acima* do barbante vindo do dedo mínimo que o cruza. Se tiver feito isso corretamente, chegaremos à Figura 60k — novamente com os detalhes do meio complicado omitidos.

Estamos quase lá. O passo final é mais fácil de fazer do que de descrever. Vire os polegares para que apontem um para o outro, passe-os através dos buracos marcados com "h" na Figura 60k, por baixo, e traga-os para cima logo ao lado. Depois, aponte o dedo indicador para os buracos marcados com "k" na Figura 60l. Deslize cuidadosamente o cordão para fora dos dedos mínimos e vire as palmas calmamente para fora para esticar o barbante. Você deveria, com um pouco de prática, obter a Figura 60m — losangos indianos em toda a sua glória.

Estes dois exemplos apenas arranharam a superfície das figuras de barbante. Se desejar saber mais, dê uma olhada no livro *String Figures and How to Make Them*, de Caroline Jayne.

FEEDBACK

Mark A. Sherman, editor do *Bulletin of the International String Figure Association*, enviou-me várias cópias de sua revista e sua predecessora, contendo artigos que seguem no rumo certo. Entre elas está um número especial do *Bulletin of the International String Figure Association*, de autoria de Tom Storer, e outros artigos da mesma revista, de autoria de Mark A. Sherman, Joseph d'Antoni, Yukio Shishido e James R. Murphy. As referências completas estão listadas em "Sugestões de leitura".

A resposta mais matemática foi dada por Martin Probert, que postou na internet uma série de artigos relevantes, listados abaixo. Seus resultados incluem um método para analisar figuras de barbante que se assemelham umas às outras, exceto por diferenças em qual barbante se sobrepõe a qual num cruzamento, e algumas ideias sobre "motivos" — subpadrões comuns em figuras de barbante. Há também muitas outras figuras novas, como o Jabberwock e Alice no País das Maravilhas, ambas inventadas em 2002.

WEBSITES

Gerais

http://www.alysion.org/string.htm
http://en.wikipedia.org/wiki/String_game
http://en.wikipedia.org/wiki/Cat%27s_cradle

International String Figure Association

http://www.isfa.org/

Website de Martin Probert

http://website.lineone.net/~m.p/sf/menu.html

- 16 -
Garrafas de Klein de vidro

A topologia é a geometria da lâmina de borracha, mas a maioria dos matemáticos prefere os instrumentos tradicionais do quadro-negro e do giz — quando não estão usando um supercomputador. Alan Bennett tem uma abordagem diferente. Ele gosta de fazer coisas de vidro. Chega até a provar teoremas dessa maneira.

Uns doze anos atrás, ou mais, Alan Bennett, um soprador de vidro de Bedford, ficou intrigado pelas formas misteriosas que surgem na topologia — fitas de Möbius, garrafas de Klein e congêneres — e se deparou com um enigma curioso. Um matemático teria tentado resolvê-lo fazendo cálculos, um artista teria desenhado imagens. Alan recorreu aos materiais que lhe eram mais familiares e solucionou o enigma usando vidro. Sua série de notáveis objetos de vidro, na verdade um projeto de pesquisa imobilizado no vidro, tornou-se uma exposição permanente do Museu de Ciências em Londres.

Lembre-se de que os topologistas estudam as propriedades das formas que permanecem inalteradas quando são esticadas, torcidas ou distorcidas de qualquer outra maneira — a única condição sendo que a deformação deve ser contínua, de modo que a forma não seja permanentemente rasgada ou cortada. No entanto, há outra possibilidade que não mencionei em discussões anteriores de topologia porque era irrelevante naqueles momentos. É também permitido cortar a forma temporariamente, contanto que ela acabe sendo reunida de novo, de modo que os pontos que eram originalmente adjacentes de um lado e do outro do corte voltem a ser adjacentes. Esta convenção — uma interpretação informal do conceito técnico de "transformação contínua", e não apenas a condição *ad hoc* que pode parecer — permite aos matemáticos tratar a forma à sua própria maneira e ignorar qualquer espaço circundante. As propriedades topológicas incluem a conectividade — a forma é composta por uma peça só, ou por várias? Tem furos? Caso tenha, que tipo de furos?

Já os nós e os elos são mais complicados. Também têm propriedades topológicas, mas agora o espaço circundante é explicitamente levado em conta quando se formulam os conceitos matemáticos. Uma volta fechada com um nó é topologicamente equivalente a uma volta fechada sem um nó — basta que você corte a volta, desate o nó e cole as pontas uma na outra. No entanto, a volta com nó situa-se no espaço de uma maneira diferente que a volta sem nó. Não há nenhuma maneira de distorcer *todo o espaço* topologicamente para que a volta com nó fique sem nó, mesmo que seja permitido cortar e colar — porque você deve cortar e colar *todo o espaço*, não apenas a volta.

A topologia é relativamente uma novata na matemática. Após uma pré-história inicial, começou a decolar como disciplina independente cerca de cem anos atrás, quando o grande matemático francês Henri Poincaré introduziu algumas das técnicas algébricas básicas. Hoje, seus tentáculos se estendem a todas as áreas da matemática moderna, tanto pura quanto aplicada. Ela se tornou, por exemplo, indispensável na mecânica celeste, o estudo de muitos corpos movendo-se sob a gravidade, na qual descreve os possíveis tipos de movimentos e classifica diferentes tipos de colisão.

As formas topológicas mais conhecidas parecem, à primeira vista, ser pouco mais que brinquedos curiosos, mas suas implicações são profundas. Há a fita de Möbius, que você pode fazer usando uma tira comprida de papel e colando as pontas, após aplicar uma torção à tira. Em todo este capítulo, "torcer" significa "girar por 180°" — por vezes essa operação é conhecida como meia-torção. A fita de Möbius é a superfície mais simples que tem apenas um lado. Se dois pintores tentassem pintar uma fita de Möbius de vermelho de um lado e de azul do outro, acabariam topando um com o outro. Se tentassem fazer o mesmo na superfície oca de uma esfera, não teriam esse problema. Ao final, a esfera estaria com uma superfície vermelha — o lado de fora, digamos — e com uma superfície azul, por dentro. Uma esfera tem dois lados, uma fita de Möbius, não. Acostume-se.

Se torcer a fita diversas vezes, você obterá variações da fita de Möbius. Para um topologista, a distinção importante é entre um número ímpar de torções, que leva a uma superfície de um só lado, e um número par, que leva a uma superfície de dois lados. Todos os números ímpares de torções produzem superfícies que, intrinsecamente, são topologicamente iguais à fita de Möbius. Para ver por que, basta cortar a fita, desfazer todas as torções exceto uma, e juntar o corte novamente. Como você removeu um número par de torções, a colagem das pontas cortadas junta pontos que começaram próximos uns dos outros. Isso não acontece com um número ímpar de torções: um lado do corte fica invertido se comparado ao outro.

Por razões similares, todas as fitas feitas com um número par de torções são topologicamente iguais a uma fita cilíndrica comum, sem nenhuma torção. No entanto, o número exato de torções também tem importância topológica, porque afeta o modo como a fita se situa em seu espaço circundante. Há duas questões diferentes aqui, uma sobre a geometria intrínseca da fita e outra sobre uma fita encaixada no espaço. A primeira depende apenas da paridade (par ou ímpar) do número de torções; a segunda depende do número exato delas.

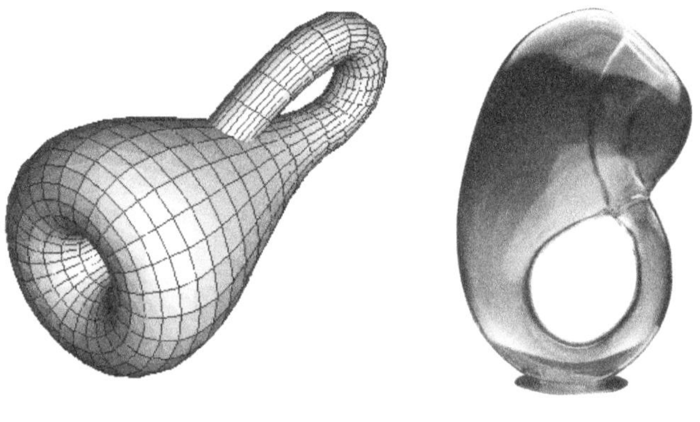

Figura 61. Garrafa de Klein (a) na matemática e (b) em vidro.

A fita de Möbius tem um limite — aquelas partes da borda da fita que não estão coladas uma à outra. Uma esfera não tem limite. Pode uma superfície de apenas um lado não ter limite? De fato, a resposta é "sim", e um exemplo famoso é a garrafa de Klein (Figura 61). Nesta imagem, o "gargalo" foi curvado num círculo, passado através da superfície da garrafa e unido ao corpo da garrafa a partir de dentro. Nesta representação, a garrafa de Klein encontra-se consigo mesma numa pequena curva circular. O topologista ignora essa interseção quando pensa em uma garrafa de Klein ideal, porque é um artefato que surge quando o espaço circundante é tridimensional. Nenhuma superfície como essa pode existir no espaço tridimensional sem passar através de si mesma. Isto não representa nenhum problema para o topologista, que pode imaginar superfícies num espaço com maior número de dimensões, ou mesmo sem absolutamente nenhum espaço circundante, mas é um obstáculo inevitável para os fabricantes de modelos e sopradores de vidro.

Imagine-se tentando pintar uma garrafa de Klein. Você começa pelo "lado de fora" da grande parte em forma de bulbo, e avança para baixo em direção ao gargalo que se estreita. Ao atravessar a autointerseção, você tem de fingir temporariamente que ela não está ali, para poder continuar seguindo o gargalo, que agora está dentro do bulbo. À medida que o gargalo se abre para se reunir ao bulbo, você percebe que agora está pintando o *interior* do bulbo! O que parece ser o lado de dentro da garrafa de Klein se conecta de maneira ininterrupta com o lado de fora: na verdade, ela tem um lado só.

Alan ouvira dizer que, se cortamos a garrafa de Klein ao longo de uma curva apropriada, ela se separa em duas fitas de Möbius, e verificou isso em vidro (Figura 62). Se fizermos isso com uma garrafa de Klein situada num espaço comum, como na Figura 61, essas fitas têm uma única torção. Ele perguntou a si mesmo que tipo de forma seria preciso cortar para obter duas fitas de Möbius com três torções. Assim, fez várias formas diferentes em vidro, cortou-as e viu o que obtinha. Como ele escreve: "Sempre gosto de resolver problemas de maneira prática. Parece-me que, se forem feitas, ou reunidas, variações suficientes do conceito básico, a solução mais lógica ou óbvia para o problema, em geral, se torna visível. Nesse caso, seguindo o menor número possível de princípios limitantes, comecei a desenhar e a fazer todo tipo de recipientes com uma única superfície. A garrafa de Klein básica pode facilmente ser esticada e distorcida para gerar numerosas formas, mas eu queria ir além e criar novos conceitos. Até onde sei, meus projetos são inteiramente novos; ainda assim, podem conduzir de volta à garrafa de Klein original."

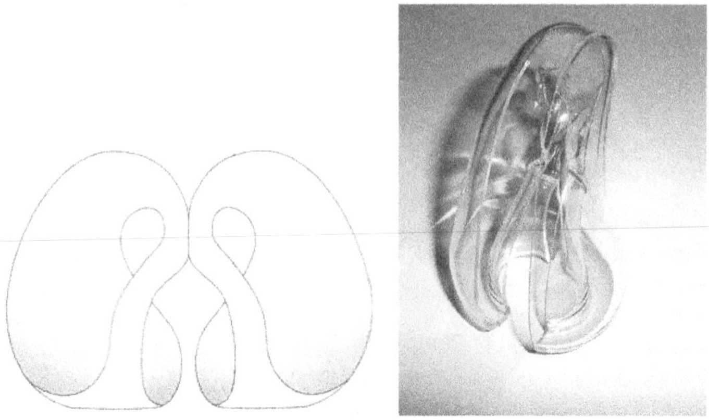

Figura 62. Corte de uma garrafa de Klein em duas fitas de Möbius (a) matematicamente e (b) no vidro.

Figura 63. Garrafa de Klein com três gargalos.

Como estava procurando fitas de Möbius com três torções, Alan tentou todo tipo de variações em torno do número 3 — como garrafas com três gargalos (Figura 63), e, assombrosamente, conjuntos de três garrafas aninhadas uma dentro da outra. Ele empilhou três garrafas uma sobre a outra, e ligou três conjuntos dessas pilhas uns aos outros. Pensou sobre o que aconteceria quando fossem cortados; e chegou até a cortá-los com uma serra de diamante para verificar. Começou a "ver", na sua mente, as linhas ao longo das quais essas formas deveriam ser cortadas para fazer fitas de Möbius. Mas as fitas com três torções provaram-se elusivas. A grande descoberta foi uma garrafa muito curiosa, cujo gargalo se enrolava duas vezes, formando três interseções consigo mesmo (Figura 64). Ele chamou isso de "Vaso de Ouslam", em alusão à ave mítica que voa em círculos cada vez menores até desaparecer na própria cauda. "Oozalum" é outra grafia comum.

Se o Vaso de Ouslam for partido verticalmente, através de seu plano de simetria esquerda-direita — o plano do papel no desenho —, ele se separará em duas fitas de Möbius com três torções. Problema resolvido! Mas isso foi apenas o começo. Como qualquer matemático, Alan estava agora à procura de algo mais interessante. Que tal fitas com cinco torções? Fitas com sete torções? Fitas com dezenove torções! Qual era o princípio geral? Generalizando a Figura 64 mediante o acréscimo de uma volta extra, ele viu rapidamente que resultariam fitas com cinco torções. Cada volta extra gerava fitas com mais duas torções.

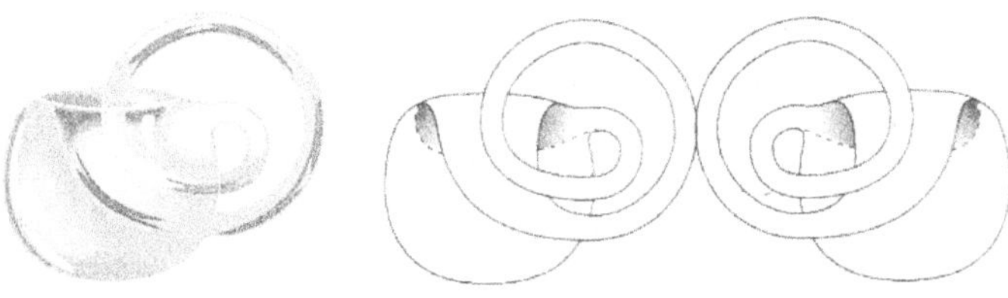

Figura 64. O "Vaso de Ouslam" mostrado aqui (a) em seção transversal, cujo gargalo dá duas voltas. Se fatiado como em (b), ele se decompõe em duas fitas de Möbius com três torções.

Depois, ele simplificou o projeto de produção de garrafas de Klein em espiral, tornando-o mais robusto, como na Figura 65. Esta se separa em duas fitas com sete torções — e cada volta espiral acrescentada levava a fitas com mais duas torções.

Tendo visto agora a importância das voltas espirais, Alan percebeu que poderia voltar à garrafa original de Klein "distorcendo" a espiral. A linha ao longo da qual a garrafa de Klein espiral deveria ser cortada se deformaria também. À medida que o gargalo espiral da garrafa se distorcesse, a linha cortada se torceria. Assim, se cortássemos uma garrafa de Klein comum ao longo de uma curva em espiral (Figura 66), poderíamos obter tantas torções quantas desejássemos — neste caso, nove.

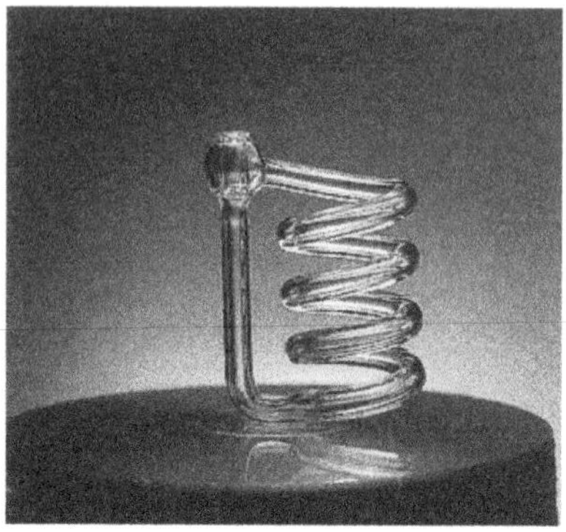

Figura 65. O corte da garrafa de Klein espiral gera duas fitas com sete torções.

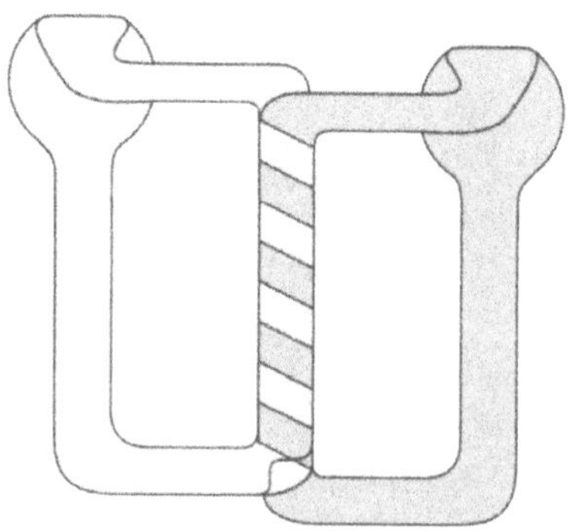

Figura 66. Corte de uma garrafa de Klein comum ao longo de uma curva em espiral.

Agora, uma última curiosidade. A motivação original para o trabalho foi a possibilidade de cortar uma garrafa de Klein para obter duas fitas de Möbius com uma torção. Mas você pode também cortar uma garrafa de Klein ao longo de uma curva diferente e obter apenas *uma* fita de Möbius. Vou deixar você mesmo descobrir como: a resposta está abaixo.

FEEDBACK

Robert L. Henrickson, de Billings, Montana, forneceu algumas informações fascinantes sobre garrafas semelhantes de cerâmica. Em *The Life, The Times, and the Art of Branson Graves Stevenson* (Jahner Publishing, 1979), Herbert C. Anderson Jr. relata: "Em resposta a um desafio de seu filho matemático, Maynard, Branson fez sua primeira garrafa de Klein usando a sugestão de topologia do matemático alemão Klein. Ele fracassou na primeira tentativa, até que o famoso oleiro inglês Wedgewood apareceu para ele num sonho e lhe mostrou como fazer a garrafa de Klein. Branson seguiu as instruções de Wedgewood e conseguiu!" Isso foi cerca de cinquenta anos atrás. O livro inclui uma foto da garrafa de Klein de cerâmica. Tem um gargalo, o que não é essencial à topologia. Branson viu isso como uma evidência do poder da mente subconsciente. Seu estudo de trabalhos com barro e cerâmica levou à formação da Archie Bray Foundation, em Helena, Montana.

RESPOSTA

A Figura 67 mostra o método de Bennett para cortar uma garrafa de Klein ao longo de uma curva diferente, de modo a obter apenas uma fita de Möbius.

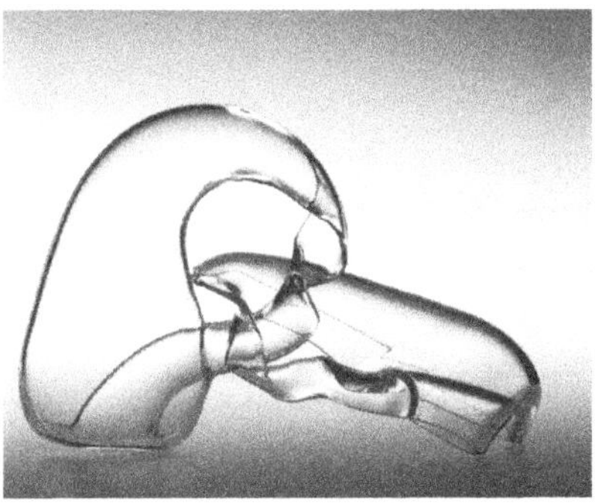

Figura 67. Como Alan Bennett corta uma garrafa de Klein para formar uma única fita de Möbius.

WEBSITES

Gerais

http://en.wikipedia.org/wiki/Klein_bottle
http://plus.maths.org/issue26/features/mathart/index-gifd.html
http://mathworld.wolfram.com/KleinBottle.html
http://www.youtube.com/watch?v=E8rifKlq5hc

Garrafas de Klein de vidro

http://www.kleinbottle.com/meter_tall_klein_bottle.html
http://www.kleinbottle.com/
http://www.sciencemuseum.org.uk/objects/mathematics/1996-545.aspx

- 17 -
Cimentando relações

Arte e ciência muitas vezes parecem polos separados, mas, volta e meia, um artista consegue traduzir importantes ideias científicas em pintura, dança ou escultura. As paisagens cheias de crateras de Jonathan Callan baseiam-se nas propriedades físicas do cimento. Mas a matemática não está muito longe disso.

A prestigiosa revista científica *Nature* — na qual Francis Crick e James Watson publicaram sua épica descoberta da estrutura em hélice dupla do DNA, por exemplo — consegue combinar pesquisa científica de grande autoridade com um discurso jornalístico. Durante algum tempo, uma de suas colunas regulares foi "Art and Science", escrita pelo historiador da arte Martin Kemp. A coluna de 11 de dezembro de 1997 descreveu as extraordinárias paisagens criadas por um artista londrino chamado Jonathan Callan. As paisagens convencionais são pinturas de um cenário natural, mas as obras de Callan são esculturas. São paisagens com uma diferença, paisagens que não se parecem com nada visto na Terra. São formas tridimensionais criadas derramando-se cimento sobre uma tábua furada com um conjunto aleatório de buracos (Figura 68).

Kemp, que é professor pesquisador emérito no Departamento de História da Arte da Universidade de Oxford, relaciona as esculturas de Callan a trabalhos no campo da teoria da complexidade sobre montes de areia e "criticalidade auto-organizada". Numa carta ao editor, Adrian Webster, do Royal Observatory, de Edimburgo, assinalou que a curiosa geometria das paisagens de Callan pode ser compreendida com o uso de um ramo muito mais clássico da matemática: a teoria das células de Voronoï. Explicou também como as células de Voronoï nas paisagens de Callan ilustram uma das grandes descobertas da astronomia recente: a distribuição da matéria no universo, semelhante à da espuma.

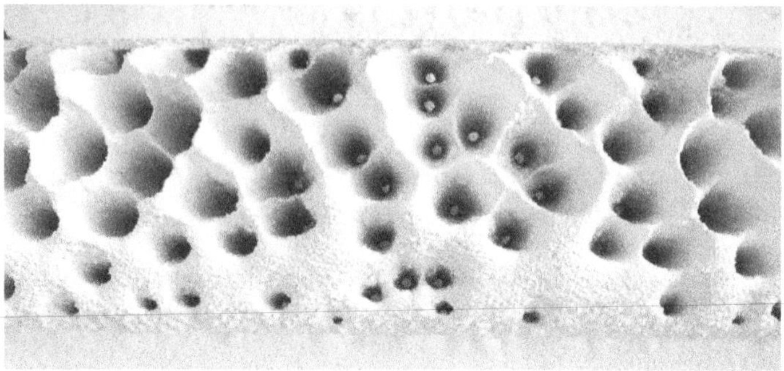

Figura 68. Uma das paisagens de Jonathan Callan.

Se alguma vez houve um exemplo da interseção entre matemática, arte e ciência, foi esta.

Kemp ressalta que os artistas sempre se valeram de processos da física e da química para seus trabalhos — a fratura de uma rocha para a escultura clássica, as propriedades dos pigmentos, até o fluxo do metal quente ao moldar bronze. No entanto, a técnica tradicional do artista tem sido controlar esses processos de tal modo que os meios se comportem da maneira desejada. Callan pertence a um grupo muito menor de artistas modernos, que permitem que os processos físicos e químicos de seus meios determinem as principais características artísticas de seu trabalho — "evolução de estilo livre da morfologia", nas palavras de Kemp. A série particular de obras que despertou a atenção da *Nature* começa com superfícies furadas com um conjunto aleatório de buracos. Depois, o artista peneira pó de cimento uniformemente sobre a superfície. Parte do cimento escorre pelos furos; mais longe deles, porém, o pó se acumula e forma picos fantásticos, circundando depressões em forma de crateras centradas nos buracos.

Callan descreveu os resultados assim: "Um princípio geológico desnaturado, de depósitos sedimentares, o assoreamento de um estuário... uma geografia que parece, ao mesmo tempo, eminentemente 'natural' e extremamente 'artificial' — os Alpes novos em folha." Kemp observa que certos princípios gerais parecem governar as paisagens fantásticas de Callan — por exemplo, os picos mais altos ocorrem nas regiões mais afastadas dos buracos.

São essas regularidades que o trabalho de Webster explica.

Com frequência, os engenheiros civis precisam trabalhar com solo — por exemplo, suas construções repousam nele. Estradas que atravessam terrenos de solo mole também requerem que se compreenda de que maneira materiais granulares como terra, areia ou cimento se acumulam. A característica mais simples e mais importante é a existência de um *ângulo crítico*. Dependendo da natureza do material granular, há um declive mais íngreme que ele é capaz de sustentar sem desmoronar. Esse declive corre num ângulo constante, o ângulo crítico. Se você continua acumulando areia num monte cada vez mais alto, derramando por um fino fluxo que cai de um ponto acima de um local fixo, ele terá seu ponto de declive aumentado até atingir o ângulo crítico. Depois disso, qualquer terra extra irá escorrer pelo monte abaixo, causando ou uma pequena avalanche ou uma grande, para restaurar o ângulo crítico. A forma resultante em "estado estacionário", neste modelo mais simples, é um cone cujos lados inclinam-se exatamente no ângulo crítico (Figura 69a).

Os teóricos da complexidade estudam o processo pelo qual o declive atinge essa forma, e a natureza das avalanches, grandes ou pequenas, que acompanham seu crescimento. O físico dinamarquês Per Bak cunhou a expressão "criticalidade auto-organizada" para tais processos e sugeriu que eles modelam muitas características importantes do mundo natural, em especial a evolução (em que as avalanches envolvem não grãos de areia, mas espécies inteiras, e os montes estão em um espaço imaginário de organismos potenciais.) Um monte de areia verdadeiro é mais complexo que o cone do engenheiro e também que a avalanche de Bak, mas é útil como metáfora.

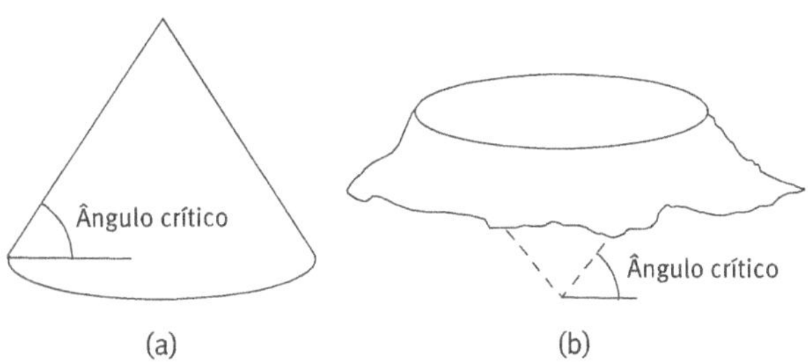

Figura 69. (a) Monte de areia cônico. (b) Cratera cônica invertida.

Webster começa observando que, na arte de Callan, a estrutura de pó de cimento em torno de um buraco é complementar ao monte cônico do engenheiro. Considere uma tábua horizontal com apenas um buraco. Longe do buraco, o cimento se eleva em todas as direções no ângulo crítico, criando uma depressão cônica cuja extremidade aponta para baixo e repousa no centro do buraco (Figura 69b). Esses cones invertidos são as crateras e cânions que formam as impressionantes paisagens de Callan. Num modelo simples, eles também se inclinam no ponto crítico.

Mas o que dizer da geometria quando há vários buracos? O ponto essencial agora é que qualquer pó de cimento que rola por um declive abaixo e cai através de um buraco o fará através do buraco *mais próximo* de seu ponto inicial de impacto. Isto é uma consequência do fato de os declives estarem todos no mesmo ângulo. Portanto, é possível prever onde serão os limites entre as crateras cônicas. Divida a tábua em regiões que circundam cada buraco, de tal maneira que cada região consista precisamente dos pontos mais próximos do buraco escolhido, e não de qualquer outro buraco. É a "esfera de influência" do buraco, por assim dizer — com a diferença de que não se trata de uma esfera, mas de um polígono. Contanto que a tábua seja horizontal, os limites entre essas regiões estão diretamente abaixo dos limites comuns de crateras adjacentes.

Outra maneira de descrever essas regiões é escolher qualquer par de buracos e traçar uma linha entre eles, de centro a centro. Corte-a no meio e, a partir desse ponto, trace uma linha em ângulos retos com ela. Isto é, trace o bissetor perpendicular dos dois buracos, considerados como pontos localizados em seus centros. Repita esse procedimento para cada par de buracos para, com isso, obter uma rede de linhas. Para cada buraco, encontre a menor região convexa que é limitada por segmentos dessa rede e que contém esse buraco (Figura 70). Essa região é a *célula de Voronoï* correspondente ao buraco escolhido. Cada buraco é cercado por uma única célula de Voronoï, e as células de Voronoï juntas ladrilham o plano.

George Voronoï foi um matemático russo que trabalhou com a teoria dos números e ladrilhagens multidimensionais por volta de 1900, e seu conceito foi retomado pelos primeiros cristalógrafos. As células de Voronoï são conhecidas também por vários outros nomes — domínios de Dirichlet, zonas de Brillouin e células de Wigner-Seitz — porque foram redescobertas de maneira independente em muitos contextos. A primeira pessoa a defini-las e estudá-las num sentido técnico parece ter sido o matemático Peter Lejeune-Dirichlet, que as aplicou à teoria dos números em 1850, mas René Descartes as usara informalmente em 1644. Em 1854, o médico britânico John Snow usou um diagrama de Voronoï em seu famoso estudo do cólera, para demonstrar que a maioria das vítimas morava mais perto da bomba d'água de Broad Street que de qualquer outra — sugerindo que a água dessa bomba estava infectada.

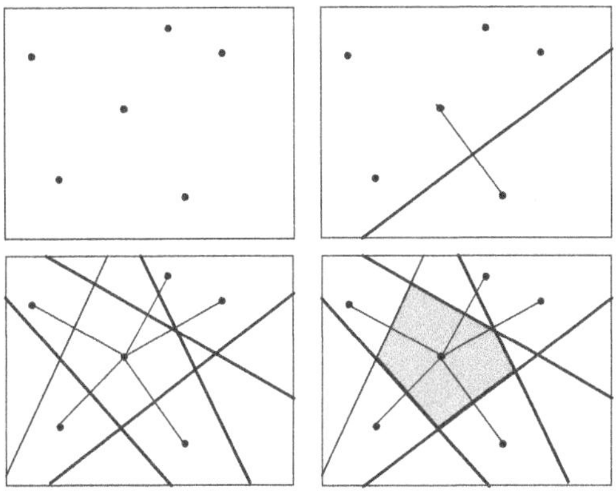

Figura 70. Construção de células de Voronoï.

A geometria das células de Voronoï, combinada com o ângulo crítico para um monte de areia, implica que as crateras de Callan se elevam em cones invertidos no mesmo ângulo crítico. E elas se encontram acima das bordas das células de Voronoï, definidas por seu sistema de buracos furados. Uma consequência agradável dessa geometria é que quando dois declives se encontram, eles se juntam ao longo de uma crista bem-definida, sem nenhuma descontinuidade pronunciada. Outra característica menos óbvia pode também ser deduzida: a forma dessas cristas, onde uma cratera se funde com a próxima. Em sentido abstrato, dois cones invertidos elevam-se em ângulos idênticos, de modo que devem se encontrar verticalmente acima do bissetor perpendicular da linha que une seus vértices. Isto é, a crista situa-se imediatamente acima do limite de Voronoï. Que curva você obtém se cortar um cone com plano vertical? Os gregos antigos conheciam a resposta: uma hipérbole (Figura 71). Este fato ajuda a explicar a natureza bastante recortada das paisagens de Callan, pois, onde três células de Voronoï se encontram, observamos a interseção de três hipérboles que se elevam escarpadamente.

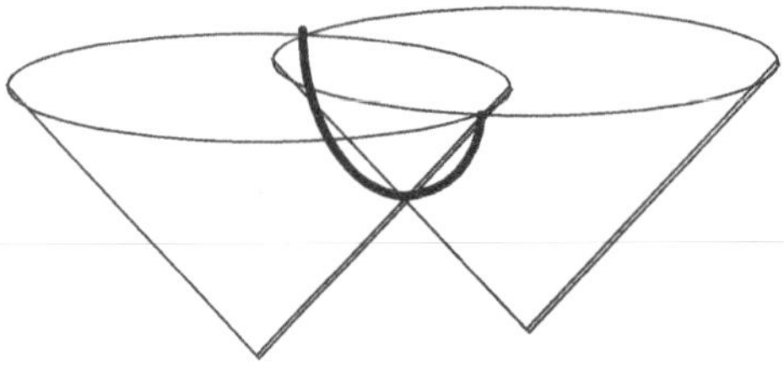

Figura 71. Crateras de Callan encontram-se ao longo de cristas hiperbólicas.

E quanto à conexão com aglomerados galácticos? Os astrônomos descobriram que a matéria no Universo não está espalhada de maneira uniforme, e sim agrupada, formando meadas frouxamente ligadas em torno de imensos vazios (Figura 72). Modelos teóricos deste processo envolvem células de Voronoï no espaço tridimensional, com os buracos de Callan substituídos por massas pontudas. No plano, o bissetor perpendicular de um par de pontos é uma linha, mas, no espaço, é um plano. Trace esses planos bissetores para todos os pares de pontos e deixe a célula de Voronoï de um dado ponto ser a menor região convexa que a circunda e que é limitada por porções desses planos. Agora, a célula de Voronoï é um poliedro. No popular modelo da "espuma de Voronoï" para a distribuição da matéria no Universo, as galáxias ocorrem somente nos limites entre células de Voronoï vizinhas.

Há uma analogia — mais frouxa que estrita, mas ainda assim iluminadora — com a distribuição do pó de cimento nas paisagens de Callan. Lá, o cimento se acumula nos picos mais elevados ao longo dos limites de Voronoï. A propriedade análoga no espaço seria que a matéria é *mais densa* ao longo desses limites. Por causa da força da gravidade, regiões mais densas de matéria atraem matéria próxima para si, o que concentra a matéria de maneira cada vez mais densa ao longo dos limites de Voronoï.

Se o cimento de Callan exercesse uma força gravitacional, isso superaria a resistência do atrito entre os grãos. Os grãos constituintes migrariam de maneira similar em direção à rede poligonal semelhante à espuma determinada pelos limites de Voronoï. Assim, esta única e simples ideia encerra um pouco de arte impressionante, um pouco de matemática elegante e um pouco de física profunda sobre a distribuição da matéria no universo.

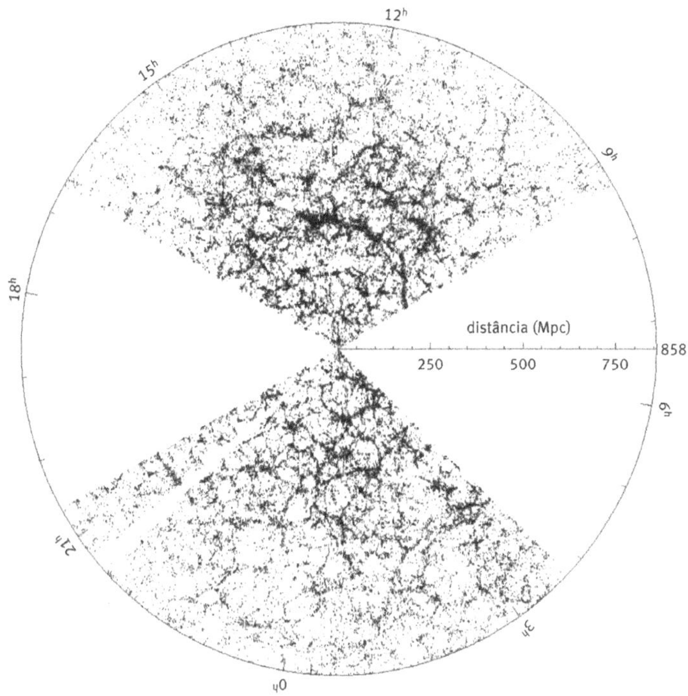

Figura 72. Distribuição de aglomerados galácticos, com grandes vazios.

FEEDBACK

Originalmente, descrevi as paisagens de Callan como sendo diferentes de qualquer coisa encontrada "em qualquer mundo conhecido". Mas excluí essa observação, porque as esculturas de paisagem têm uma fantástica semelhança com algumas imagens da superfície de Hipérion feitas pela Nasa (Figura 73). Hipérion é um dos muitos satélites de Saturno, sendo que 61 já foram detectados no momento em que escrevo, com 53 confirmados e oficialmente denominados. Será possível que Hipérion seja uma esponja coberta de pó, e que o pó tenha escorregado pelas cavidades abaixo, adentrando a rocha subjacente? A baixa gravidade do satélite tornaria o ângulo crítico muito escarpado, o que parece compatível com a imagem.

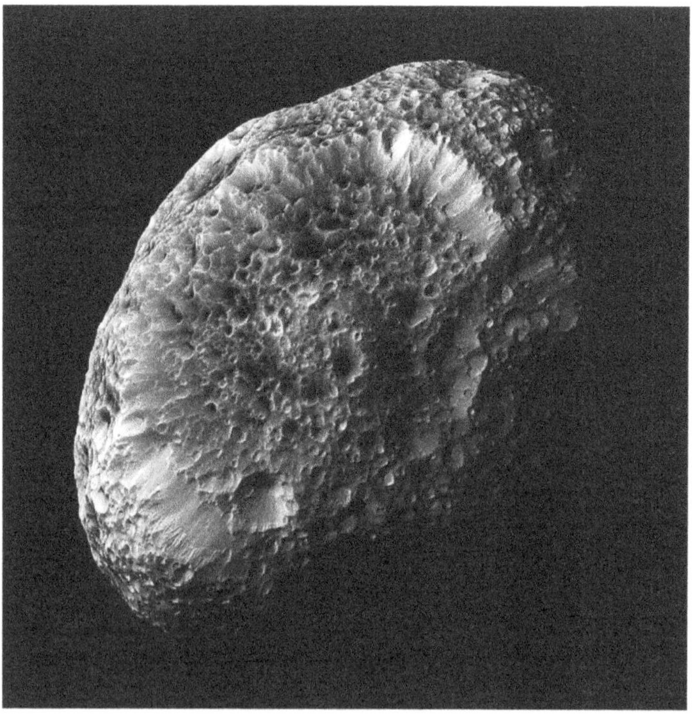

Figura 73. Hipérion (foto cortesia da Nasa).

WEBSITES

Diagrama de Voronoï
http://en.wikipedia.org/wiki/Voronoi_diagram
http://mathworld.wolfram.com/VoronoiDiagram.html

Jonathan Callan
http://nicoleklagsbrun.com/callan_home.html
http://www.designboom.com/weblog/cat/10/view/11128/jonathan-callan.html

Epidemia de cólera
http://en.wikipedia.org/wiki/Johh_Snow_%28physician%29

- 18 -
Amarração ousada, amarração ganha

A visão topológica usual dos nós não capta alguns de seus aspectos mais práticos, como a espessura do barbante ou a existência de atrito. A consideração dessas características leva ao começo de uma nova teoria, baseada em amarrar cordas reais umas às outras.

Em menos de um século, a matemática dos nós passou de curiosidade pouco importante a uma relevante área de pesquisa, situada nas fronteiras da matemática convencional. Os nós representam, em sua forma mais pura, um dos grandes problemas da topologia: compreender as diferentes maneiras de posicionar uma forma geométrica dentro de outra. No caso dos nós, as duas formas são um círculo, representando uma volta fechada de barbante, e a totalidade do espaço tridimensional. Para os topologistas, o nó é, para todos os efeitos, um círculo que foi "embutido dentro" do espaço tridimensional, de tal maneira que não pode ser desemaranhado pela deformação contínua do espaço tridimensional circundante.

Esta descrição é um tanto distante da experiência cotidiana, em que pedaços de barbante têm *extremidades* e em que deformamos o *barbante*, não o espaço. Ela capta bastante bem, no entanto, a intrigante complexidade dos nós, como mostra Colin C. Adams em *The Knot Book*. Certos aspectos práticos dos nós, porém, não se reduzem tão bem a uma formulação topológica, e um exemplo claro disso é a questão de amarrar dois comprimentos diferentes de barbante um no outro. O principal critério aqui é que a junção não deve se soltar se você puxar as extremidades dos barbantes. O atrito entre a superfície e o material de que o barbante é feito entram em jogo, e todo o problema requer uma abordagem diferente.

Mesmo assim, existem os começos de uma teoria matemática que se presta bastante bem a ser desenvolvida por matemáticos recreativos. Trata-se de um produto do pensamento criativo de Roger E. Miles, da Universidade Nacional Australiana, em Camberra, e é explicado em seu *Symmetric Bends*. "*Bend*", ou "volta", era a palavra usada por marinheiros para um método de atar cordas, nas idas épocas em que os navios tinham velas e que praticamente tudo a bordo era feito de madeira ou de corda. O termo ainda é usado por entusiastas da vela. O principal objetivo de Miles é classificar a geometria das voltas de uma maneira sistemática, tornando possível buscar novas voltas com propriedades desejáveis. Podemos determinar experimentalmente a resistência de uma dada volta ao deslizamento sob tensão atando-a e vendo o que acontece. O resultado oferece um novo vislumbre sobre a matemática dos pedaços de barbante e das coisas enroscadas que podemos fazer enrolando-os em torno de si mesmos e uns dos outros.

A volta mais simples e mais conhecida é o nó direito (Figura 74a). Ao desenhar diagramas como este, é claro, pequenas falhas entre as linhas indicam qual barbante passa sobre qual; os barbantes permanecem inteiros. Um barbante é representado por uma linha leve, o outro por uma linha forte. Miles defende que se usem apenas linhas horizontais e verticais, em vez de curvas arqueadas, por várias razões: são mais fáceis de desenhar, de compreender e revelam melhor a simetria da situação (quando há alguma). Cada barbante tem uma extremidade "livre", o chicote ou extremidade de trabalho — onde termina —, e uma extremidade fixa, a parte passiva ou abandonada, mostrada pelas linhas pontilhadas, que continua em outro lugar. O diagrama tem dois tipos de cruzamento: escuro sobre leve ou leve sobre escuro. Em voltas mais complexas, pode haver também cruzamentos escuro sobre escuro e leve sobre leve.

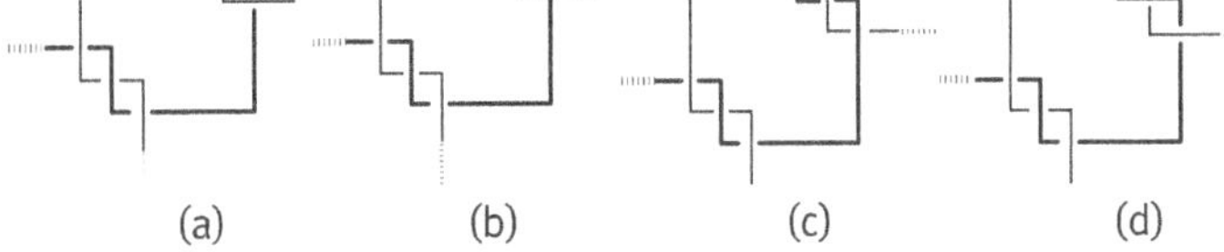

Figura 74. Quatro voltas simples. (a) Nó direito. (b) Nó torto. (c) Nó cego. (d) Nó de ladrão. Observe a diferença entre a parte passiva (sólida) e a extremidade livre (pontilhada), que continua o barbante.

O nó direito, notoriamente, costuma ser confundido com o nó torto (Figura 74b). Na teoria tradicional dos nós, em que extremidades de trabalho não existem e tudo está unido em laçadas, não há nenhum outro nó estreitamente relacionado ao direito e ao torto. Instantaneamente, descobrimos que a situação é diferente no caso das voltas, pois há duas outras delas que diferem do nó direito e do nó torto — mas só na escolha de qual extremidade está livre. Trata-se do nó cego e do nó de ladrão (Figuras 74c, 74d).

Estas quatro "voltas elementares" são as que têm os diagramas mais simples, isto é, o menor número de cruzamentos. O atrito, impedindo que os barbantes deslizem, é, em parte, gerado em cruzamentos, e, intuitivamente, esperaríamos que voltas mais complexas fossem mais seguras — embora não seja sempre assim, já que a segurança também depende de como a sequência de cruzamentos se encaixa em três dimensões. Todas as quatro voltas elementares são extremamente inseguras, e tendem a se desfazer se os barbantes forem puxados ou movimentados de outra maneira. O modo como elas se separam é instrutivo: um barbante fica mais reto, embora talvez não completamente, depois escorrega através das voltas do outro barbante.

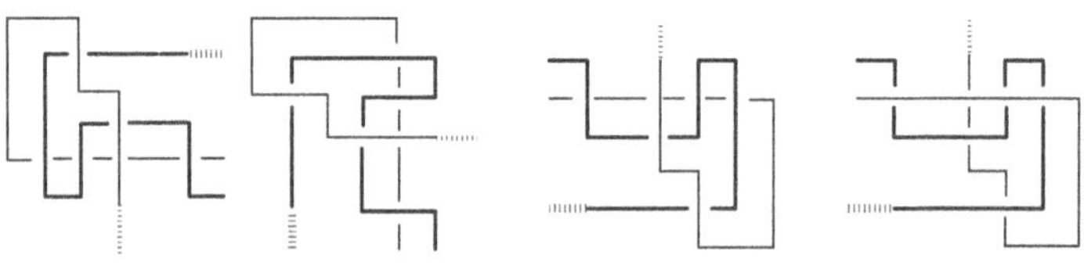

Figura 75. Três operações de simetria: (a) Original. (b) Inversão diagonal. (c) Rotação de 180°. (d) Inversão central.

As voltas elementares também têm uma interessante propriedade matemática: a simetria. As quatro voltas que acabo de apresentar exibem três importantes operações de simetria (Figura 75). Se o diagrama do nó direito for invertido, mantendo fixa a diagonal do canto inferior esquerdo para o canto superior direito, então o mesmo diagrama aparece — exceto que as cores (claro/escuro) são trocadas. O mesmo pode ser dito para o nó torto. O diagrama do nó cego parecerá igual, a não ser pela cor, se for girado 180° em torno de um eixo que aponta verticalmente para fora da página.

Por fim, o nó de ladrão é simétrico sob uma "inversão central" do espaço tridimensional, que associa cada ponto ao ponto na mesma linha, através da origem, e à mesma distância, mas do outro lado. Isto é, um ponto com coordenadas (x, y, z) corresponde a $(-x, -y, -z)$. Se atarmos essas voltas com barbante real, e as apertarmos de maneira cuidadosa e uniforme, as voltas resultantes possuirão as mesmas simetrias.

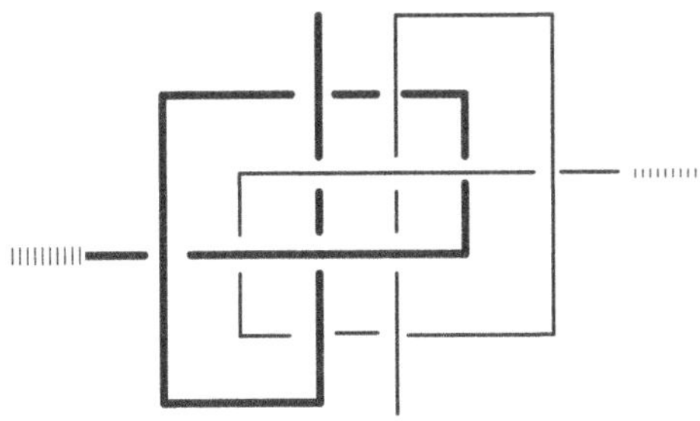

Figura 76. Nó de ajuste.

Há voltas mais complicadas também, é claro. Na verdade, Miles diz que seu interesse por voltas simétricas começou em 1990, quando tomou conhecimento do "nó de ajuste" (Figura 76). O nó de ajuste também tem simetria rotacional de 180°. É frequentemente chamado de nó de Hunter, em alusão ao dr. Edward Hunter, que o descobriu em 1978. Na época, pensou-se que era novo (não aparecia na bíblia do assunto, o *Ashley Book of Knots*), mas pode ser encontrado na obra do alpinista americano Phil Smith, *Knots for Mountaineering*, de 1956. Miles deparou-se com ele pela primeira vez num exemplar de *The Morrow Guide to Knots*, de Mario Bigon e Guido Regazzoni, que comprou em São Francisco, em 1989. Por coincidência, foi na zona portuária de São Francisco, em 1943, que Smith inventou o nó de ajuste.

Com base nos três tipos de simetria acima (inversão diagonal, rotação, inversão central), Miles desenvolveu um formalismo para estudar e, de fato, inventar as voltas simétricas. Um exemplo de uma família inteira de voltas encontrada dessa maneira é o nó de ladrão generalizado (Figura 77). Mas há mais. Há três outras operações de simetria (Figura 78) que podem ser realizadas em voltas no espaço tridimensional:

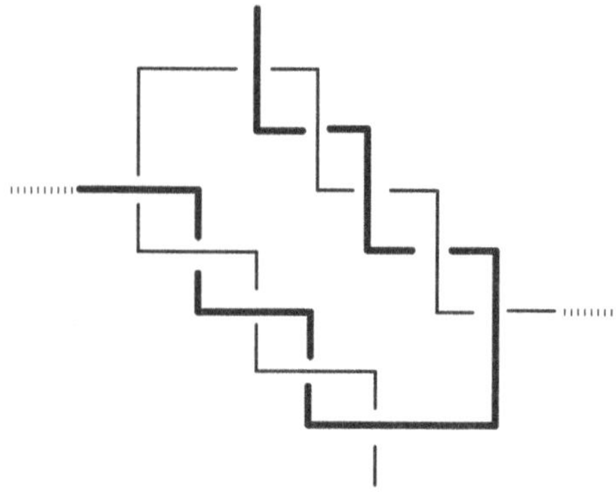

Figura 77. Nó de ladrão generalizado.

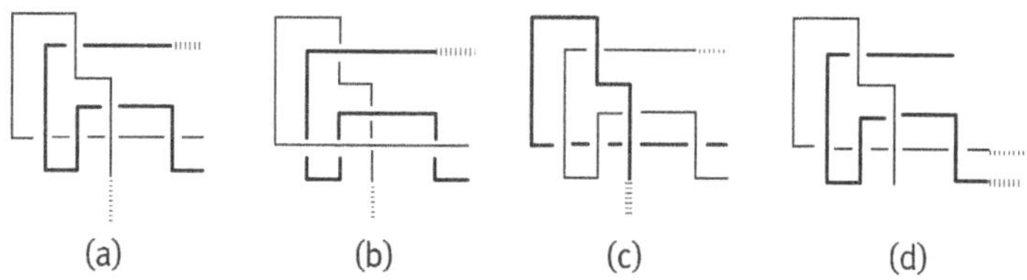

Figura 78. Três outras operações de simetria. (a) Original. (b) Imagem especular (no plano do papel). (c) Troca de cores. (d) Reversa.

Imagem especular: reflete o nó num espelho. Num diagrama bidimensional, com o espelho no plano da página, isto tem o efeito de inverter os cruzamentos em todas as interseções.

Troca de cores: troca as cores clara e escura.

Reversa: troca a parte passiva escura e o chicote escuro e, ao mesmo tempo, a parte passiva clara e o chicote claro.

Qualquer destas operações transforma uma volta centrossimétrica numa volta centrossimétrica, e uma volta com simetria rotacional numa volta com simetria rotacional.

O espécime premiado neste contexto é o "nó figura de oito retrançado", também chamado "nó flamengo" (Figura 79). Os primeiros quatro diagramas mostram o nó flamengo, sua imagem espelhada, seu inverso e o inverso de sua imagem espelhada. Todos os quatro diagramas são rotacionalmente simétricos. O quinto diagrama tem uma simetria diferente: é centrossimétrico. No entanto, todos os cinco diagramas são topologicamente equivalentes, isto é, podem ser continuamente transformados uns nos outros! A maneira mais fácil de ver isto é manipular o quinto diagrama de modo a transformá-lo em cada um dos outros: vou lhe deixar a diversão de descobrir como. Assim, uma deformação topológica pode mudar o tipo de simetria de uma volta, e por isso Miles rebatizou este nó como "camaleão".

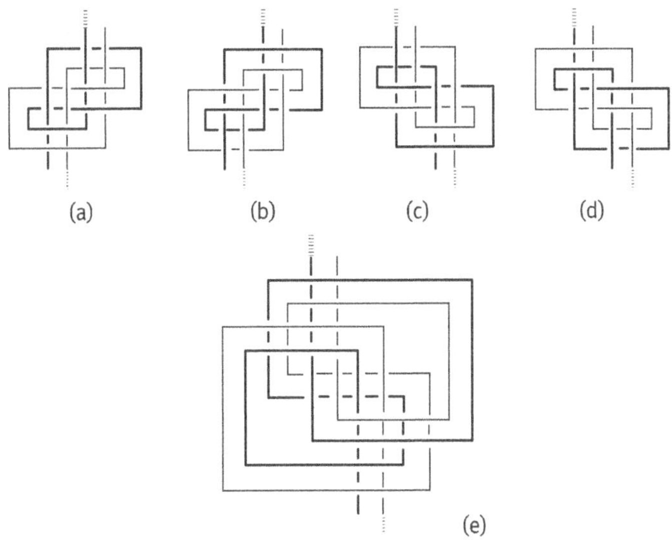

Figura 79. (a) Nó flamengo. (b) Sua imagem especular. (c) Seu inverso. (d) O inverso da imagem especular. (e) O camaleão.

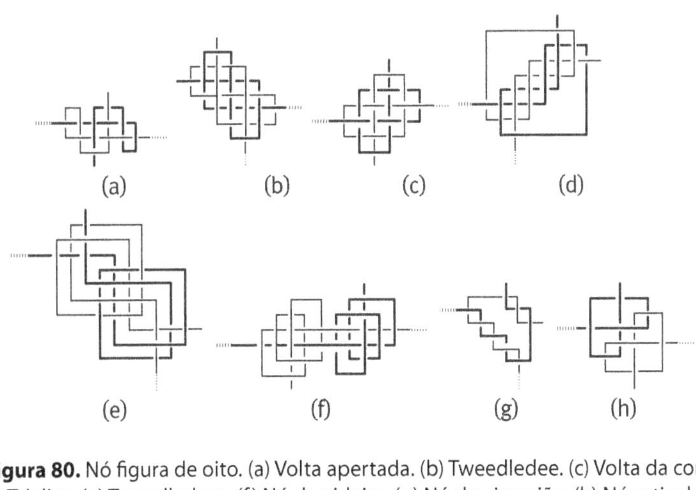

Figura 80. Nó figura de oito. (a) Volta apertada. (b) Tweedledee. (c) Volta da coroa. (d) Tríplice. (e) Tweedledum. (f) Nó da videira. (g) Nó do cirurgião. (h) Nó articulado.

O livro de Miles inclui um catálogo de sessenta voltas simétricas, uma seleção das quais é mostrada na Figura 80. Haverá, pergunta ele, uma volta simétrica "melhor"? Sua resposta é: "de fato, não." A razão é que voltas podem ser melhores por muitas características diferentes, que incluem facilidade de atamento, facilidade de verificação da correção com que foram atadas, facilidade do ajuste para tornar a extremidade de trabalho mais longa ou mais curta, estreitamento, resistência a sacudidelas ou puxões, compactação, simplicidade, força, facilidade de desatamento, beleza, carisma...

FEEDBACK

A matemática convencional aceitou o desafio de encontrar uma teoria mais geométrica dos nós, embora de maneira diferente. A maneira usual de estudar nós topologicamente é em termos de invariantes — propriedades que permanecem inalteradas por deformações. Dois nós que têm invariantes diferentes devem ser topologicamente diferentes. A primeira invariante importante foi o polinômio de Alexander, descoberto nos anos 1920 por J.W. Alexander. Trata-se de uma expressão algébrica associada a um nó, e nós cujos polinômios de Alexander são diferentes não podem ser transformados uns nos outros por deformação. Infelizmente, nós com o mesmo polinômio de Alexander não são necessariamente equivalentes; os nós direito e torto são o exemplo mais simples disso. Uma invariante topológica mais recente, o polinômio de Jones, muitas vezes dá resultado onde o polinômio de Alexander fracassa: o polinômio de Jones de um nó direito é diferente do de um nó torto.

Tornando o "barbante" de um nó mais parecido com um barbante físico, os matemáticos descobriram uma nova invariante, que não é um polinômio, mas um número. A ideia subjacente remonta a I. Fary, em 1929. Imagine dar um nó numa longa vara de borracha. Quanto mais complicado o nó, mas você precisa vergar a vara, assim mais energia elástica a vara atada adquire. Como os sistemas físicos minimizam energia, podemos perguntar com que formato da vara de borracha a energia é a menor possível.

Em 1987, S. Fukuhara percebeu que há um modelo físico mais conveniente: energia eletrostática. Pense no nó como um fio flexível de comprimento fixo, que pode passar através de si mesmo, se necessário, e é carregado de eletricidade estática. Como cargas iguais se repelem, um nó livre para se mover se organizará para manter fios vizinhos o mais separados possível, para minimizar a energia eletrostática. Esse valor mínimo de energia é a nova invariante geométrica. Em 1991, Jun O'Hara, da Universidade Metropolitana de Tóquio, provou que a energia mínima de um nó aumenta à medida que ele se torna mais complicado. Só existe um número finito de nós topologicamente diferentes com energia menor ou igual a qualquer valor escolhido. Isso significa que há uma escala numérica natural de complexidade para nós, que vai de nós simples na extremidade de baixa energia até nós mais complicados mais acima.

Quais são os nós mais simples? Em 1993, uma equipe de quatro topologistas — Steven Bryson, Michael Freedman, Zhenghan Wang e Zheng-Xu He — provou que os "nós" mais simples são exatamente os que esperaríamos. São "círculos redondos", isto é, círculos no sentido comum. Os topologistas, cujos "círculos" são usualmente encurvados e torcidos, têm de acrescentar um adjetivo para se lembrarem de quando não o são. Em unidades naturais, a energia de um círculo redondo é 4, e todos os outros laços fechados têm energia mais elevada. Qualquer laço com energia menor que $6\pi + 4$ é topologicamente sem nó — é um círculo encurvado. De maneira mais geral, um nó com c cruzamentos numa imagem bidimensional tem energia de pelo menos $2\pi c + 4$, embora este limite provavelmente não seja o melhor possível, pois a energia mais baixa conhecida para um nó trifólio — que tem três cruzamentos — é cerca de 74, muito maior que $6\pi + 4 = 22{,}84$. O número de nós topologicamente distintos com energia menor ou igual a E é, no máximo, $0{,}264 \times 1{,}658^{E}$.

WEBSITES

Gerais

http://en.wikipedia.org/wiki/Knot

http://www.animatedknots.com/

Nó de ajuste

http://en.wikipedia.org/wiki/Hunter%27s_bend

Energia do nó

http://en.wikipedia.org/wiki/Knot_energies

http://torus.math.uiuc.edu/jms/Videos/ke/

– 19 –
Quadrados mágicos perfeitíssimos

Análise combinatória é a arte de contar coisas sem realmente listá-las — em geral porque as listas seriam grandes demais para caber dentro do Universo atual. Um dos maiores problemas em aberto na matemática recreativa é contar os quadrados mágicos de um dado tamanho. Para uma importante classe de quadrados, sabemos a resposta.

Já mencionei quadrados mágicos várias vezes, mas vamos recapitular. Tome, digamos, os números inteiros consecutivos de 1 a 16 e distribua-os numa disposição 4 × 4, de modo que todas as fileiras de quatro números, todas as colunas e as duas diagonais tenham soma igual. Se conseguir — a Figura 82 mostra um exemplo —, terá feito um quadrado mágico de ordem 4, e o total comum é a "constante mágica". Neste caso a constante mágica é 34, como deve ser para todos os quadrados mágicos formados por números inteiros de 1 a 16. Se fizer o mesmo com os números de 1 a 25, numa disposição de 5 × 5, obterá um quadrado mágico da ordem 5, e assim por diante. Quadrados mágicos são um dos tópicos favoritos na matemática recreativa, e é da natureza dos tópicos favoritos nunca se esgotarem. Apesar da vasta literatura existente sobre eles — *realmente* vasta —, sempre parece possível incrementar o conceito.

Muito mais difícil, porém, é dar uma nova contribuição fundamental à matemática básica do tópico — que vá além dos interesses exclusivamente recreativos e exerça forte influência sobre a matemática convencional. Uma contribuição desse tipo foi publicada em 1998 por Kathleen Ollerenshaw e David S. Brée, sob o título de *Most-Perfect Pandiagonal Magic Squares: Their Construction and Enumeration*.

1	15	14	4
12	6	7	9
8	10	11	5
13	3	2	16

Figura 81. Um quadrado mágico 4 × 4. Todas as fileiras, colunas e diagonais somam 34. Além disso, pares opostos de números, em relação ao centro, somam 17.

Nela, os dois encontraram a primeira solução parcial significativa para um dos grandes problemas em aberto no assunto: contar quantos quadrados mágicos existem, de qualquer ordem dada. O principal resultado que obtiveram é uma fórmula explícita para o número dos quadrados chamados "perfeitíssimos" de dada ordem, juntamente com métodos sistemáticos para construir todos eles. Caso isso soe como um problema fácil, vale a pena assinalar que o número desses quadrados de ordem 12 é mais de 22 bilhões, enquanto que, para ordem 36, é de aproximadamente $2{,}7 \times 10^{44}$. Não "contamos" quadrados mágicos escrevendo todos eles e entoando: "1, 2, 3..."

O trabalho de Ollerenshaw e Brée pertence à área da matemática conhecida como análise combinatória — a arte de contar coisas sem listá-las. O resultado pode ter implicações práticas; de fato, o estímulo original veio de aplicações potenciais de quadrados mágicos 8 × 8 à reprodução fotográfica e ao processamento de imagens.

Uma característica da pesquisa digna de nota é seu contexto, pois nenhum dos autores é um pesquisador matemático típico. Dame Kathleen (a honra lhe foi concedida em 1971 por serviços prestados à educação) alcançou a idade de 97 anos em outubro de 2009 e passou a maior parte de sua vida profissional na educação e nos escalões mais altos da administração universitária. Seu colaborador David Brée ocupou cargos em estudos de negócios, psicologia e, mais recentemente, inteligência artificial.

Para fins matemáticos é mais conveniente construir um quadrado mágico de ordem n a partir dos números inteiros 0, 1, 2, ..., $n^2 - 1$ em vez dos tradicionais 1, 2, 3, ..., n^2, e tanto o livro quanto este capítulo empregam essa convenção. Se acrescentarmos 1 a cada entrada no quadrado mágico de um matemático, obteremos um modelo tradicional e, inversamente, se subtrairmos 1 de cada entrada de um quadrado mágico tradicional, obteremos um modelo de um matemático. Não há, portanto, nenhuma diferença essencial entre as duas convenções, exceto pela constante mágica do quadrado, que é aumentada ou diminuída por n.

A constante mágica de um quadrado tradicional de ordem n é $\frac{1}{2}n(n^2 + 1)$. A de um quadrado mágico de matemático de ordem n é $\frac{1}{2}n(n^2 - 1)$. Há um único quadrado mágico de ordem 1, a saber,

0.

Não há nenhum quadrado mágico de ordem 2 (a única ordem que nunca ocorre) porque as condições forçam todas as quatro entradas a serem iguais. Há oito quadrados mágicos de ordem 3, todos eles são rotações ou reflexos de apenas um quadrado

1	8	3
6	4	2
5	0	7

com a constante mágica 12. Obviamente, a rotação ou a imagem refletida de um quadrado mágico continua sendo mágica, de modo que todos os quadrados mágicos de ordem 3 são "essencialmente iguais". Segundo a lenda chinesa, a versão "tradicional" do quadrado acima (usando os números de 1 a 9, conhecido como o *lo-shu*) data de cerca de 2400 a.C., quando teria sido observado no casco de uma tartaruga pelo lendário imperador Yu. Os estudiosos consideram a data questionável, e 1000 d.C. talvez seja certamente mais preciso.

Há 880 quadrados mágicos essencialmente diferentes de ordem 4, impressionantes 275.305.224 de ordem 5, e o número explode à medida que a ordem aumenta. Não se conhece nenhuma fórmula exata. Por "essencialmente diferente" quero dizer "ignorando rotações e imagens refletidas".

Uma maneira de progredir é impor condições adicionais. Para nossos objetivos, a mais natural dessas condições é que o quadrado deva ser *pandiagonal*, o que significa que todas as "diagonais quebradas" devem também ter soma igual à constante do quadrado mágico. (Diagonais quebradas se complementam a partir de uma borda até a borda oposta, conforme a Figura 82). Um exemplo de quadrado mágico pandiagonal é

0	11	6	13
14	5	8	3
9	2	15	4
7	12	1	10

com a constante mágica 30. Diagonais quebradas típicas aqui são 11 + 8 + 4 + 7 e 11 + 14 + 4 + 1, que, de fato, têm ambas soma igual a 30. Há 48 quadrados pandiagonais essencialmente diferentes de ordem 4, e 3.600 de ordem 5.

O quadrado de ordem 3 não é pandiagonal: por exemplo, 8 + 2 + 5 = 15, não 12. De maneira mais geral, Andrew H. Frost provou, em 1878, que qualquer quadrado mágico pandiagonal de ordem par dever ser "duplamente par", isto é, múltiplo de 4. Uma prova muito mais convincente foi dada por C. Planck em 1919 — ver o livro de Ollerenshaw e Brée. Existem quadrados mágicos pandiagonais de ordem ímpar para todas as ordens maiores que 3.

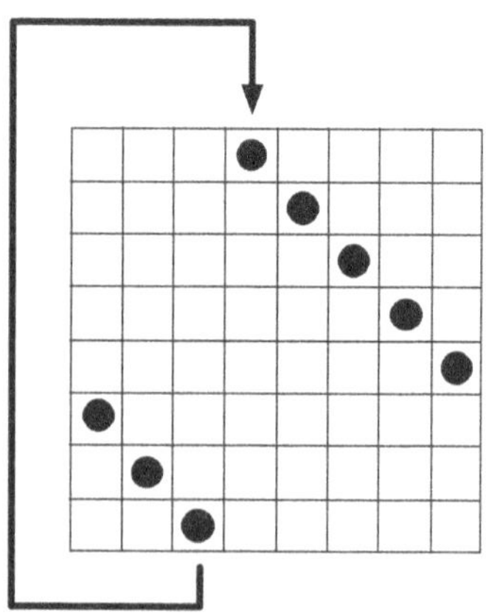

Figura 82. Diagonais quebradas.

Os quadrados perfeitíssimos, assim denominados por Emory McClintock, em 1897, são ainda mais restritos. Além de serem mágicos e pandiagonais, também têm a propriedade de que qualquer bloco 2 × 2 de entradas adjacentes somam o mesmo total, a saber, $2n^2 - 2$, onde n é a ordem. Aqui incluímos blocos 2 × 2 que se complementam a partir de uma borda até a borda oposta. Pode ser demonstrado que qualquer quadrado mágico com esta propriedade de blocos 2 × 2 é necessariamente pandiagonal, mas o inverso é falso.

O quadrado de ordem 4 acima é perfeitíssimo — por exemplo, 0 + 11 + 14 + 5 = 30, e 8 + 3 + 15 + 4 = 30, e assim por diante. Um exemplo de um bloco 2 × 2 que se complementa de uma borda à outra é o bloco 3, 4, 14 e 9.

De maneira mais ambiciosa, o quadrado de ordem 12 mostrado na Figura 83 é perfeitíssimo.

64	92	81	94	48	77	67	63	50	61	83	78
31	99	14	97	47	114	28	128	45	130	12	113
24	132	41	134	8	117	27	103	10	101	43	118
23	107	6	105	39	122	20	136	37	138	4	121
16	140	33	142	0	125	19	111	2	109	35	126
75	55	58	53	91	70	72	84	89	86	56	69
76	80	93	82	60	65	79	51	62	49	95	66
115	15	98	13	131	30	112	44	129	46	96	29
116	40	133	42	100	25	119	11	102	9	135	26
123	7	106	5	139	22	120	36	137	38	104	21
124	32	141	34	108	17	127	3	110	1	143	18
71	59	54	57	87	74	68	88	85	90	52	73

Figura 83. Quadrado mágico perfeitíssimo de ordem 12.

A chave para o método de contagem de Ollerenshaw e Brée é uma conexão entre quadrados perfeitíssimos e "quadrados reversíveis". Para explicar o que isso significa, precisamos de alguma terminologia. Uma sequência de números inteiros tem uma similaridade reversa se, quando a sequência é invertida e pares de números correspondentes são adicionados, os totais forem todos iguais. Por exemplo, 1 4 2 7 5 8 têm similaridade reversa, porque seu inverso é 8 5 7 2 4 1 e as somas dos números correspondentes 1 + 8, 4 + 5, 2 + 7, 7 + 2, 5 + 4 e 8 + 1 são todas iguais — neste caso a 9. Um *quadrado reversível* de ordem *n* é uma disposição *n* × *n*, formada pelos números inteiros 0, 1, 2, ..., $n^2 - 1$, com as seguintes propriedades:

- Todas as fileiras têm similaridade reversa.
- Todas as colunas têm similaridade reversa.
- As somas das entradas nos cantos opostos de qualquer retângulo são iguais.

Por exemplo, a disposição de números inteiros em ordem ascendente, da esquerda para a direita, conforme abaixo,

0	1	2	3
4	5	6	7
8	9	10	11
12	13	14	15

é reversível. Na terceira fileira, por exemplo, temos 8 + 11 = 9 + 10, 10 + 9 = 11 + 8 = 19, e o mesmo tipo de padrão vigora para todas as outras fileiras e colunas (embora com totais diferentes de 19). Além disso, equações como 5 + 11 = 7 + 9 e 1 + 15 = 3 + 13 verificam a terceira condição. Um quadrado reversível menos trivial de ordem 12 é mostrado na Figura 84.

Quadrados reversíveis, em geral, não são mágicos, como este exemplo mostra. No entanto, Ollerenshaw e Brée mostram que todo quadrado reversível de ordem duplamente par pode ser "transformado" num quadrado mágico por meio de um procedimento específico, e todo quadrado mágico perfeitíssimo surge dessa maneira.

64	51	81	49	48	66	65	83	82	50	80	67
28	15	45	13	12	30	29	47	46	14	44	31
24	11	41	9	8	26	25	43	42	10	40	27
20	7	37	5	4	22	21	39	38	6	36	23
16	3	33	1	0	18	17	35	34	2	35	19
72	59	89	57	56	74	73	91	90	58	88	75
68	55	85	53	52	70	69	87	86	54	84	71
124	111	141	109	108	126	125	143	142	110	140	127
120	107	137	105	104	122	121	139	138	106	136	123
116	103	133	101	100	118	117	135	134	102	132	119
112	99	129	97	96	114	113	131	130	98	128	115
76	63	93	61	60	78	77	95	94	62	92	79

Figura 84. Quadrado reversível de ordem 12.

Ilustramos o método com o exemplo acima. Há três passos:

1. Inverta a metade direita de cada fileira

0	1	3	2
4	5	7	6
8	9	11	10
12	13	15	14

2. Inverta a metade inferior de cada coluna

0	1	3	2
4	5	7	6
12	13	15	14
8	9	11	10

3. Mais complicado! Para o caso de ordem 4, pode ser formulado assim. Quebre o quadrado acima em blocos 2 × 2. Mova as quatro entradas em cada um desses blocos, como mostrado na Figura 85. Isto é, a entrada su-

perior esquerda permanece fixa, a superior direita move-se diagonalmente dois quadrados, a inferior esquerda move-se dois espaços para a direita e a inferior direita, dois espaços para baixo. Se alguma coisa cair fora da borda do quadrado 4 × 4, complemente-as através das bordas para encontrar o local para onde ela deveria ir. Para o caso geral de ordem *n*, há uma receita expressa por uma fórmula matemática. O resultado neste caso é:

0	14	3	13
7	9	4	10
12	2	15	1
11	5	8	6

que, como se pode verificar, é realmente perfeitíssimo e mágico.

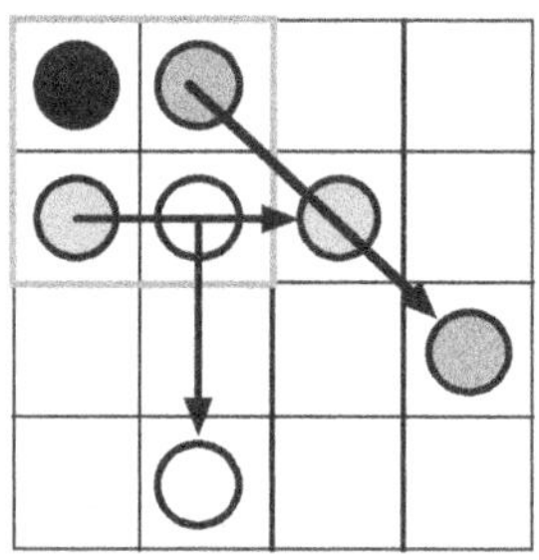

Figura 85. Transformação de um quadrado reversível num quadrado mágico.

Há um processo de transformação geral, como este, estabelecendo uma correspondência um a um entre quadrados mágicos perfeitíssimos e quadrados reversíveis, para *qualquer* ordem duplamente par. Portanto, você pode contar quantos quadrados mágicos perfeitíssimos de uma dada ordem duplamente par existem pelo método alternativo de contar quantos quadrados reversíveis existem.

À primeira vista, esta mudança na natureza do problema não o leva muito longe, mas o que se revela é que quadrados reversíveis têm várias características interessantes que tornam possível contá-los de maneira sistemática. Em particular, os quadrados reversíveis recaem naturalmente em classes. Dentro de cada classe, todos os membros estão relacionados uns aos outros por uma variedade de transformações, como "girar", "refletir", "trocar pares complementares de fileiras" e algumas manobras mais complicadas. Para construir todos os membros de uma classe como essa, basta construir apenas um deles e depois aplicar rotineiramente as transformações. Além disso, cada classe contém precisamente um quadrado especial, dito "principal", em que a fileira superior começa com 0 1 e os números inteiros em qualquer fileira ou coluna estão em ordem ascendente — de modo que a única coisa que você precisa fazer é encontrar *esse*.

Por fim, todas as classes têm o mesmo tamanho. De fato, contando as rotações e as imagens refletidas de um dado quadrado como sendo "essencialmente as mesmas" e, por isso, não distinguindo entre esses quadrados, pode ser provado que o número de quadrados essencialmente diferentes em qualquer classe é

$$2^{n-2}([n/2]!)^2.$$

Aqui, o ponto de exclamação indica "fatorial", de modo que, por exemplo, $6! = 6 \times 5 \times 4 \times 3 \times 2 \times 1 = 720$. Resta apenas, portanto, contar o número de quadrados *reversíveis principais* de dada ordem e multiplicar esse número pela fórmula que acabo de enunciar. O resultado será o número de quadrados mágicos perfeitíssimos essencialmente diferentes daquela ordem.

O número de quadrados reversíveis principais também pode ser expresso como uma fórmula, embora seja bastante complexa. A descoberta dessa fórmula, e sua validação, leva a um aprofundamento da análise combinatória, de modo que vou parar por aqui; quero dizer apenas que, para ordens duplamente pares $n = 4, 8, 12, 16$, o número de quadrados mágicos perfeitíssimos essencialmente diferentes é 48.368.640, $2{,}22953 \times 10^{10}$ e $9{,}32243 \times 10^{14}$. Os dois últimos números estão expressos de maneira aproximada aqui, mas podem ser exatamente computados. O número de quadrados mágicos perfeitíssimos essencialmente diferentes de ordem 144, diga-se de passagem, é $4{,}34616 \times 10^{254}$, e, mais uma vez, se você realmente quiser, é possível escrever todos os 255 dígitos (a ajuda do computador é útil aqui).

FEEDBACK

Tom Hagedorn, do College of New Jersey, enviou-me dois artigos sobre retângulos mágicos. Um retângulo mágico é uma disposição de $m \times n$ células quadradas, preenchidas com os números integrais de 1 a mn, distribuídos de tal maneira que todas as fileiras têm a mesma soma e todas as colunas têm a mesma soma. Não há exigência de que a soma das fileiras seja igual à soma das colunas; de fato, isso é impossível porque m e n são diferentes. Além disso, diagonais são ignoradas. Sabe-se há mais de um século que retângulos mágicos existem sempre que m e n têm a mesma paridade (isto é, são ambos pares ou ambos ímpares), são maiores que 1 e não são ambos 2. Hagedorn generaliza esta ideia para dimensões maiores, mostrando que, se todos os lados do "retângulo" n-dimensional forem pares, existe um retângulo mágico.

O caso ímpar é muito mais difícil. Quando escrevi a coluna em 1999, não se sabia se existia um retângulo mágico $3 \times 5 \times 7$. Isto é, podemos pôr os números 1 a 105 numa grade de $3 \times 5 \times 7$, de modo que todas as fileiras horizontais tenham a mesma soma, todas as colunas horizontais tenham a mesma soma e todas as colunas verticais tenham a mesma soma? Essas três somas podem (devem!) ser diferentes. O problema permaneceu em aberto até 2004, quando Mitsutoshi Nakamura encontrou uma disposição assim (Figura 86).

2	41	89	63	70
57	31	94	29	54
59	40	38	93	35
78	34	9	45	99
85	48	18	92	22
11	76	67	24	87
79	101	56	25	4

55	37	20	91	62
83	46	26	100	10
16	105	33	8	103
74	64	53	42	32
3	98	73	1	90
96	6	80	60	23
44	15	86	69	51

102	81	50	5	27
19	82	39	30	95
84	14	88	58	21
7	61	97	72	28
71	13	68	66	47
52	77	12	75	49
35	43	17	65	104

Figura 86. O retângulo mágico $3 \times 5 \times 7$.

WEBSITES

Gerais

http://en.wikipedia.org/wiki/Magic_square
http://mathworld.wolfram.com/MagicSquare.html
http://www.trump.de/magic-squares/

Contagem

http://www.maa.org/mathland/mathtrek_06_26_06.html

- 20 -
Isso não pode ser feito!

Os que propõem soluções para a trisseção do ângulo e a quadratura do círculo tendem a ficar irritados quando matemáticos devolvem seus trabalhos dizendo (a) está errado e (b) não, não o leram para encontrar o erro. Isso é, sem dúvida, irritante. É também perfeitamente justo e inteiramente sensato. Em matemática, *é possível* provar uma negativa.

Na vida cotidiana, quando dizemos que alguma coisa é impossível, com frequência não é isso que queremos dizer. Não literalmente, não de maneira absoluta. O que queremos dizer é que não conseguimos ver nenhuma maneira de fazê-la. Muita gente pensava ser impossível que máquinas mais pesadas do que o ar voassem e, antes disso, muita gente pensava ser impossível que máquinas mais pesadas que a água flutuassem — provando, mais uma vez, que não aprendemos nada com a história. A engenhosidade humana muitas vezes supera aparentes impossibilidades. Mesmo na vida cotidiana, porém, podemos ter certeza de que algumas coisas *são* impossíveis — a sobrevivência de seres humanos debaixo d'água sem auxílio durante um ano, digamos. (Com equipamento adequado, é outra questão.) E há uma área de coisas que a maioria de nós considera impossíveis, mas nas quais há quem acredite ferozmente, como a capacidade de ler o pensamento de outrem.

Em matemática, no entanto, a impossibilidade é algo que podemos *provar* com frequência. Por exemplo, 3 não é um resultado de uma potência de 2. Uma maneira de provar isto é perguntar qual é a potência, e observar que 2^1 é pequeno demais e qualquer coisa de 2^2 para cima é grande demais.

É verdade que Bursar, na série de livros de fantasia Discworld, de Terry Pratchett, acredita haver um número inteiro extra, "umpt" — como em "umpty dois" —, mas os matemáticos de Roundworld discordam. Como isto mostra, provas de impossibilidade funcionam apenas dentro do mundo da matemática tal como atualmente estabelecido: se mudarmos as regras do jogo, coisas diferentes podem acontecer. Por exemplo, no mundo dos números inteiros "módulo 5", em que qualquer múltiplo de 5 é considerado zero, então $3 = 2^3$. Mas isso não significa que minha declaração original de impossibilidade esteja errada, porque o contexto mudou. Isso significa apenas que tenho de ter o cuidado de definir sobre o que estou falando. Na matemática dos livros didáticos, isso é muito importante, mas, na coluna "Mathematical Recreations", adoto uma abordagem mais relaxada, sabendo que meus leitores (em geral...) percebem que eu *poderia* ser mais preciso se quisesse.

Essa capacidade da matemática de provar que certas tarefas são impossíveis tem um efeito colateral que pode ser frustrante. Imagine que passei os últimos dez anos preenchendo cadernos com longos cálculos e me convenço de que descobri um novo número primo, com vários milhares de dígitos de comprimento. Diferentemente de qualquer outro primo conhecido, porém, este é *par*. Seu dígito final, em notação decimal ordinária, é 6. Extremamente alvoroçado com meu feito assombroso, envio meu trabalho para um matemático — que imediatamente o manda de volta, dizendo que aquilo é um disparate. Pior, quando lhe pergunto onde foi que errei, ele diz que não leu meu trabalho e não tem a menor ideia de onde está o erro, mas que sabe que deve haver um. Fico horrorizado: que arrogância! Dediquei dez anos a esse problema; ele dedica dez minutos, ignora quase tudo que escrevi e, ainda assim, afirma saber que estou errado!

Na maioria das áreas da vida cotidiana, isso seria, de fato, arrogância. Em matemática, porém, não passa de uma simples aplicação da lógica. O único número primo par é 2. Não há outros. Por quê? Porque números pares são divisíveis por 2, e nenhum primo divide exatamente um primo *diferente*.

A prova de Kurt Gödel de que a matemática é indecidível — não há nenhum algoritmo que permita descobrir se dada afirmação tem uma prova válida — é um dos mais profundos teoremas de impossibilidade. Outro grande teorema vem do século XIX, quando Niels Henrik Abel e, mais tarde, Évariste Galois provaram que a equação geral de quinto grau não pode ser resolvida por uma fórmula que envolva apenas as operações ordinárias da álgebra e a extração de raízes. Raízes quadradas, raízes cúbicas, raízes quartas, seja qual for. Essas expressões são chamadas de "radicais". Matemáticos de eras anteriores tinham fórmulas com radicais para equações de segundo, terceiro e quarto graus. A maioria de nós aprende no ensino médio a fórmula para as equações de segundo grau ("quadráticas"), que envolve uma raiz quadrada; há fórmulas semelhantes, mas cada vez mais complicadas, para o terceiro e quarto graus. Todas as tentativas de encontrar uma fórmula semelhante para o quinto grau fracassaram.

Abel e Galois puseram um fim a essas tentativas provando que elas jamais poderiam ter sucesso. A prova de Abel foi um modelo de engenhosidade; a de Galois foi mais sistemática e exigiu a criação de um novo ramo da matemática, hoje conhecido como teoria de Galois. Anteriormente, o matemático italiano Paolo Ruffini havia publicado uma prova de quinhentas páginas sobre a impossibilidade e, mais tarde, publicou o que dizia ser uma prova mais simples — embora ainda gigantesca —, mas ninguém pareceu convencido de que não havia nenhum erro. De maneira irônica, agora sabemos que havia apenas uma brecha séria, e Abel a preencheu como parte de sua prova, sem se dar conta de que ela completava a de Ruffini.*

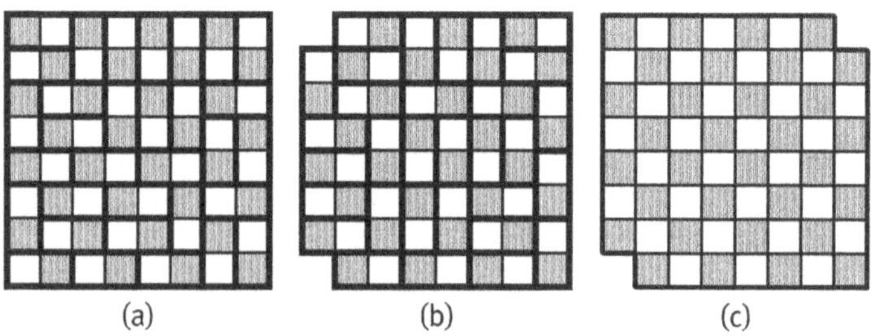

Figura 87. Os tabuleiros (a) e (b) podem ser ladrilhados com dominós — por exemplo, como mostrado acima. E quanto a (c)?

* Para mais sobre isso, ver meu livro *Uma história da simetria na matemática* (Zahar, 2012).

Para ver como tais provas são possíveis, consideremos um enigma muito conhecido. Um tabuleiro de xadrez tem 64 quadrados. Se pegarmos 32 dominós, cada um formado por dois quadrados do mesmo tamanho que os do tabuleiro, haverá um enorme número de maneiras de ladrilhar o tabuleiro com as peças — uma delas é mostrada na Figura 87a. Se removermos dois cantos adjacentes do tabuleiro, poderemos ladrilhar facilmente o resultado com 31 dominós — um exemplo é a Figura 87b. Durante todo o tempo, aliás, estou supondo como parte das condições do enigma que as arestas de cada dominó coincidem com dois quadrados adjacentes do tabuleiro. No entanto, se removermos dois cantos *diagonalmente opostos* do tabuleiro (Figura 87c), todas as tentativas de ladrilhar o resultado com dominós fracassarão.

Acaso nosso repetido fracasso *prova* que a tarefa é impossível? Não. Nem se passássemos toda a nossa vida tentando. Ela *é* impossível? Sim.

Como posso ter tanta certeza?

Eis por quê. Se colocarmos um dominó sobre um tabuleiro de xadrez, ele sempre cobrirá um quadrado preto e um branco. Portanto, para ladrilharmos o tabuleiro com dominós, o número de quadrados brancos deve ser igual ao de quadrados pretos. Este é o caso para os dois primeiros tabuleiros, mas não para o que teve os cantos opostos removidos, que ficou com trinta quadrados de uma cor e 32 da outra.

Este enigma tem um elemento básico em comum com a prova apresentada por Galois da insolubilidade da equação de quinto grau por radicais. (A prova de Abel não se ajusta de maneira tão nítida a este contexto.) A saber, a introdução de uma *invariante*. Trata-se de uma característica de uma solução hipotética, que pode ser calculada sem que se saiba a forma detalhada dessa solução. Para o problema do dominó, a invariante é simples: igualdade de quadrados brancos e pretos. Para a equação de quinto grau, é uma característica algébrica sofisticada das simetrias das raízes da equação, chamada grupo de Galois. Se a invariante não preenche as condições do problema, a solução proposta deve fracassar, seja ela qual for. E podemos dizer isso sem sequer ver qual foi a solução proposta!

Se a invariante estiver errada, nossa solução é errada. É isto, não há escapatória. Não importa que aparência tenha a solução.

A teoria de Galois e a matemática recreativa se encontram numa bela área da geometria: construções usando apenas uma régua não marcada e um compasso. Uma construção começa a partir de um conjunto conhecido de pontos, e localiza sucessivamente novos pontos como interseções de linhas ou círculos. Todas as linhas usadas devem unir pontos conhecidos, e todos os círculos devem estar centrados num ponto conhecido e passar através de outro ponto conhecido.

Que problemas podem ser solucionados por construções desse tipo? Podemos, por exemplo, dividir um dado segmento de linha em qualquer número específico de peças iguais. Podemos dividir um dado ângulo em dois ângulos iguais (bisseção), portanto também em quatro partes iguais, em 8, 16, ..., qualquer potência de dois. Podemos traçar polígonos regulares com 3, 4, 5, 6, 8, 10 e 12 lados. Tudo isso era conhecido por Euclides. Durante os dois milênios seguintes, muitas pessoas tentaram solucionar três outros problemas aparentemente simples através do mesmo método:

- Duplicar o cubo: construir um cubo cujo volume seja o dobro do de um dado cubo.
- Trissecionar o ângulo: trissecionar um dado ângulo (cortá-lo em três partes iguais).
- Quadrar o círculo: construir um quadrado cuja área seja igual à de um dado círculo.

Hoje sabemos por que elas tiveram tanto trabalho: todos os três problemas pedem o impossível.

Não estamos procurando construções aproximadas aqui — é simples resolver todos os três problemas com qualquer grau de aproximação. Tampouco estamos buscando construções que flexibilizem as condições ou empreguem outros instrumentos. A Figura 88 mostra como trissecionar um ângulo usando seja uma régua marcada ou uma "machadinha".*

* O *tomahawk*, traduzido aqui por "machadinha", é uma ferramenta teórica pouco conhecida no Brasil. Seu nome provém da aparência de machadinha formada por um semicírculo e duas semirretas, como pode ser visto na Figura 88b. (N.R.T.)

Mais uma vez, o fato de ninguém ter encontrado uma resposta não prova nada. Em 1796, Carl Friedrich Gauss descobriu uma construção com régua e compasso para o polígono regular de 17 lados que havia escapado a todos os seus predecessores. Métodos semelhantes constroem polígonos regulares de 257 e 65.537 lados. Números estranhos — por que estes? O que mais é possível? O que não é?

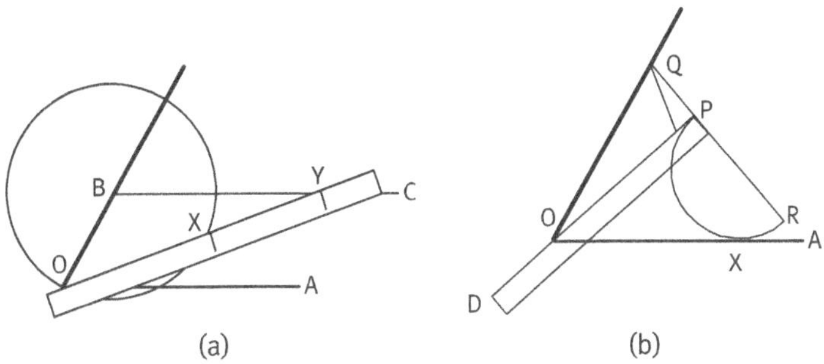

Figura 88. Trisseção do ângulo AOB. (a) Com uma régua marcada. Trace um círculo com centro em B através de O. Trace BC, paralela a OA. Marque X e Y numa régua com XY = OB. Deslize a régua até que ela passe por O, que X esteja no círculo e que Y esteja sobre BC. Assim, o ângulo AOY será um terço do ângulo AOB. (b) Faça uma machadinha: um semicírculo com diâmetro PR, estenda PR até Q, onde PQ é metade de PR, e PD perpendicular a PR. Arrume a machadinha de tal modo que PD passe por O, Q se situe em cima de OB e OA seja tangente ao semicírculo (em X). Assim, o ângulo POQ será um terço do ângulo AOB.

Especificamente: qual é a invariante para construções com régua e compasso?

Qualquer construção desse tipo pode ser representada em forma de coordenadas, e corresponde ao cálculo de uma sequência de números, as coordenadas dos pontos envolvidos. Cada passo da construção introduz números que se relacionam com aqueles conhecidos por uma equação algébrica de grau 1 ou 2 (1 para linha-cruza-linha, 2 se houver um círculo envolvido). Isto significa (com algum trabalho) que o "grau" de qualquer ponto na construção — a equação de grau mais baixo da qual ele é solução — deve ser uma potência de 2. Esta é a invariante mais simples, e é boa o suficiente para liquidar todos os três problemas listados acima.

Duplicar o cubo é equivalente a resolver a equação $x^3 - 2 = 0$, que é de terceiro grau. Como 3 não é potência de 2, isso é impossível.

Trissecionar o ângulo também equivale a solucionar uma equação de terceiro grau. (Provem da trigonometria e da equação $\cos 3x = 4\cos^3 x - 3\cos x$). Portanto, também é impossível.

Quadrar o círculo é equivalente a encontrar uma equação cujo grau é uma potência de 2, que é satisfeita por π. Mas (um difícil teorema provado por Ferdinand Lindemann, em 1882) π não satisfaz uma equação de *nenhum* grau. (Aliás, $x - \pi = 0$ não conta aqui. Os coeficientes devem estar relacionados às coordenadas dos pontos iniciais.)

É assim, portanto, que os matemáticos sabem que é uma perda de tempo tentar resolver qualquer desses três problemas usando uma régua não marcada e um compasso. Se quiser mais detalhes, veja meu livro *Galois Theory*. Infelizmente, a existência de uma prova de impossibilidade não faz com que as pessoas parem de tentar — provavelmente por causa de uma incompreensão da natureza da impossibilidade matemática. O fascinante livro de Underwood Dudley, *A Budget of Trisections*, registra muitas dessas tentativas.

A coisa triste aqui é que tentar trissecionar o ângulo com régua e compasso é equivalente — em razão da invariante que acabo de descrever — a tentar provar que 3 é uma potência em número inteiro de 2. Você quer realmente entrar para a história como alguém que pensou ter provado *isso*?

WEBSITES

Trisseção

http://en.wikipedia.org/wiki/Angle_trisection

http://mathworld.wolfram.com/AngleTrisection.html

http://www.cut-the-knot.org/pythagoras/archi.shtml

Duplicação do cubo

http://en.wikipedia.org/wiki/Doubling_the_cube

http://www-history.mcs.st-and.ac.uk/HistTopics/Doubling_the_cube.html

http://mathforum.org/dr.math/faq/davies/cubedbl.htm

Quadratura do círculo

http://en.wikipedia.org/wiki/Squaring_the_circle

http://en.wikipedia.org/wiki/Transcendental_number

http://mathworld.wolfram.com/CircleSquaring.html

Equação quíntica

http://en.wikipedia.org/wiki/Quintic_equation

http://mathworld.wolfram.com/QuinticEquation.html

- 21 -
Danças com dodecaedros

Há muitas maneiras de usar a matemática, e de ensiná-la. Mas aqui está uma abordagem que nunca me ocorrera até que seus inventores me falaram sobre ela. Diferentemente da maioria das recreações matemáticas, esta é social. De fato, por vezes requer dez pessoas. Dançando.

No capítulo 14, lançamos um novo olhar para a antiga arte das figuras de barbante — um tópico que tipicamente atrai as pessoas de mentalidade matemática, ainda que não seja manifestamente matemático. Minha certeza de que o tópico *era* realmente matemático foi justificada em certa medida pelas cartas que recebi de leitores, algumas das quais estão relatadas na seção "Feedback" daquele capítulo. Uma carta, no entanto, suscitou um tópico que era muito diferente de qualquer coisa que eu tivesse previsto: conexões entre figuras de barbante, matemática e dança. Isto era tão interessante que se tornou, por si só, o tema de uma coluna "Mathematical Recreations".

Há abundantes conexões entre matemática e arte — o uso da perspectiva na pintura e as razões que ocorrem nas escalas musicais, por exemplo —, mas a única ligação entre matemática e dança que vi antes foi uma análise da simetria da dança campestre inglesa, realizada alguns anos atrás por meu colega Chris Budd, professor de matemática na Universidade de Bath. A carta falava sobre algo muito diferente: o uso consciente da matemática para criar novas danças. Foi escrita por Karl Schaffer, codiretor artístico do Dr. Schaffer and Mr. Stern Dance Ensemble, de Santa Cruz, e descrevia danças construídas em torno do uso de várias laçadas de barbante para criar poliedros regulares e outras figuras matemáticas.

Schaffer começou dizendo que ele e Scott Kim haviam começado a se interessar pelo assunto das formas de poliedros com barbante porque, em 1994, tinham criado um número de dança "Through the Loop, In Search of the Perfect Square", que executaram nas escolas elementares de Bay Area. Esse é um dos cinco espetáculos de dança matemáticos produzidos pela companhia por volta daquela época, todos levando ideias matemáticas a um público jovem num contexto surpreendente e não ameaçador. Scott Kim, aliás, é um nome conhecido pelos leitores antigos da coluna "Mathematical Games": Martin Gardner baseou uma das colunas na invenção da arte caligráfica, feita por Kim, em que a mesma disposição de "letras", lida com o lado certo para cima ou de cabeça para baixo, leva a palavras diferentes, muitas vezes contrárias.

O desenvolvimento do espetáculo envolveu um entusiasta local das figuras de barbante, Greg Keith, que lhes ensinou algumas danças tradicionais com figuras de barbante para duas pessoas. Logo eles desenvolveram novas ideias, inclusive padrões tridimensionais com barbantes baseados em poliedros. Em janeiro de 1998, apresentaram alguns dos seus trabalhos no Gardner Gathering III, uma conferência realizada em Atlanta em homenagem a Gardner.

Num exemplo simples, a Figura 89 mostra como dois dançarinos podem produzir um tetraedro de barbante (com duas arestas dobradas) usandxo uma única laçada de barbante. O primeiro dançarino se posta à esquerda, o segundo, à direita, com a laçada passando entre eles. Cada um segura a extremidade da laçada com a mão direita, enquanto agarram ambos os fios um pouco adiante com a mão esquerda. Ao mesmo tempo, o dançarino 1 cruza a mão direita sobre a esquerda, enquanto o dançarino 2 separa as mãos esquerda e direita. Depois, ambos chegam à frente com as mãos direitas até que elas quase se toquem (Figura 89a). Em seguida, cada um usa a mão direita para agarrar um fio da corda do outro, enquanto continuam segurando sua própria parte de corda. Logo, o dançarino 1 desliza a mão direita ao longo do barbante duplo que segura agora, em direção à posição natural à sua direita, de modo que a corda tenha a aparência mostrada na Figura 89b. Por fim, ambos os dançarinos levantam as mãos direitas e abaixam as mãos esquerdas, e o resultado é um tetraedro regular (Figura 89c) em que duas arestas são fios duplos e as outras quatro são fios simples.

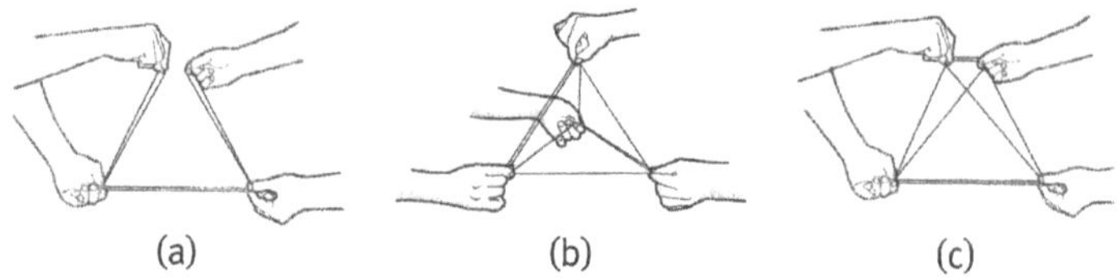

Figura 89. Dança do tetraedro para duas pessoas.

Da mesma maneira, mas deixando mais à sua imaginação, a Figura 90 mostra como seis dançarinos, segurando seis laçadas de corda ou fita, podem produzir um poliedro semirregular conhecido como "cuboctaedro", que tem seis faces quadradas e oito faces triangulares. A Figura 91 ilustra como a corda se move (mas não os dançarinos!) para uma sequência mais elaborada. A dança se inicia com uma única (e longa) laçada, segurada por três pessoas, que começa como um triângulo e é manipulada, primeiro, para formar um tetraedro e, depois, para formar um octaedro (um sólido com oito faces triangulares). Agora, um quarto dançarino entra em ação, e ajuda a transformar o octaedro num cubo. Por fim, mais seis dançarinos entram na dança, e o cubo torna-se, primeiro, um dodecaedro (doze faces pentagonais) e, em seguida, um icosaedro (vinte faces triangulares). Todos os cinco sólidos platônicos (tetraedro, cubo, octaedro, dodecaedro e icosaedro) estão representados.

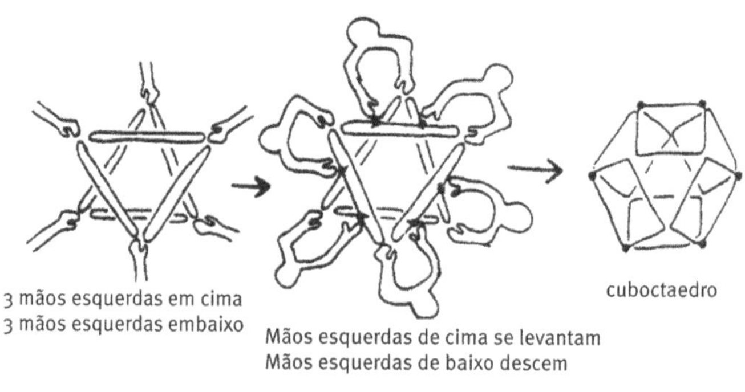

Figura 90. Dança do cuboctaedro para seis pessoas.

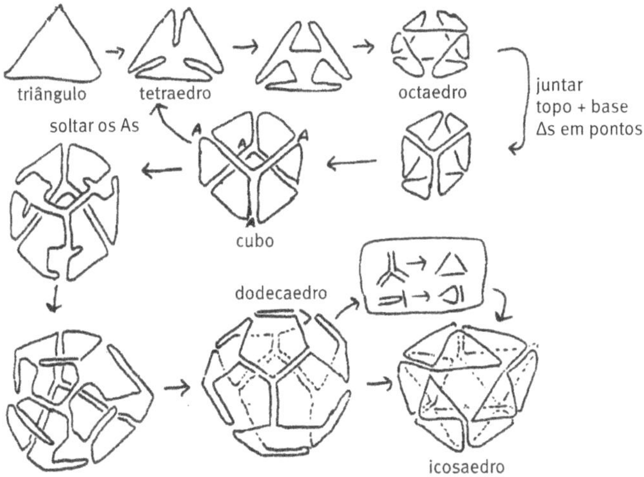

Figura 91. Dança através de todos os poliedros regulares para três, quatro ou dez pessoas.

Schaffer observa que é mais fácil descobrir sequências de transformação deste tipo usando barbantes reais do que fazendo desenhos no papel. Além disso, a procura por novas formas e transformações é necessariamente uma atividade de grupo, porque são necessárias mãos suficientes para segurar os fios. Em geral, cada vértice do poliedro é segurado por uma única mão, razão por que são necessárias dez pessoas para formar um dodecaedro com seus vinte vértices. Organizar os participantes de tal maneira que a forma que estão construindo possa realmente ser vista pelos outros, no entanto, é, sem sombra de dúvida, complicado.

Experimentos desse tipo são uma ótima diversão para estudantes, e possibilitam uma introdução suave ao pensamento tridimensional. Num nível mais profundo, podem ser usados para desenvolver ideias matemáticas sérias. Por exemplo, ter em mente que arestas têm que ser duplicadas leva a uma consideração de "ciclos de Euler" em grafos. Lembre-se de que um grafo é uma coleção de nós ligados por arestas, e um ciclo de Euler é um caminho fechado que passa ao longo de cada aresta. Aqui, os nós são as mãos dos participantes e as arestas são as arestas do poliedro que está sendo construído — representadas fisicamente por seções de corda. No entanto, nas danças, uma única aresta de um poliedro por vezes corresponde a dois ou mais fios de corda. Por quê? Ele não pode ser feito com um único fio por aresta?

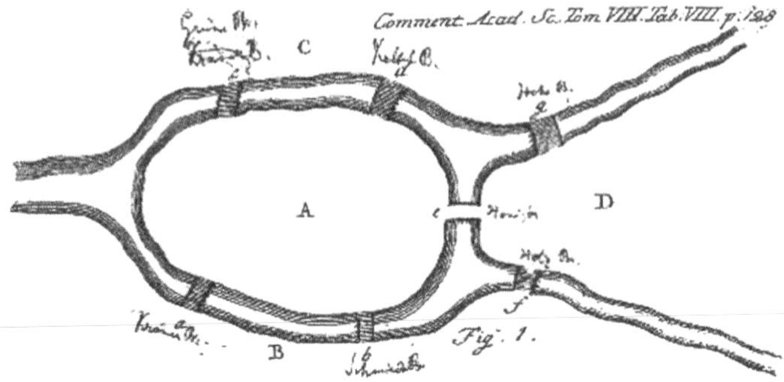

Figura 92. Enigma das pontes de Königsberg de Euler.

Em geral, a resposta é "não". Suponha, para efeito de ilustração, que haja apenas uma laçada de corda. Depois, a corda forma um ciclo fechado que atravessa cada aresta do poliedro. Em 1735, Leonhard Euler enfrentou esta questão em conexão com um enigma famoso: as pontes de Königsberg. No rio Pregel, que corre pela cidade de Königsberg, há duas ilhas. Na época, sete pontes ligavam as ilhas à margem do rio e uma à outra, como mostrado na Figura 92. Dizia-se que o povo da cidade havia passado muitos anos tentando encontrar um circuito a pé que passasse sobre cada ponte exatamente uma vez. Euler provou que tal circuito não existia.

Como? A prova de Euler foi simbólica, mas pode ser interpretada como considerando que as quatro massas de terra — duas ilhas, duas margens — eram os nós e que as sete pontes eram as arestas, transformando assim o problema num grafo, ou rede. Depois, ele provou que, se fosse exigido de um circuito como esse passar ao longo de cada aresta do grafo exatamente uma única vez, seria preciso que um número *par* de arestas se encontrasse em cada vértice. A ideia essencial é que, sempre que o ciclo encontra um nó ao longo de uma aresta, tem de deixá-lo ao longo de outra, de modo que as arestas que encontram aquele nó formam pares — devendo, portanto, ser pares em número. Essa condição não está presente para as pontes de Königsberg, logo, não existe nenhuma solução para o enigma.

De maneira mais significativa, Euler também provou o inverso: para qualquer grafo conectado (todo numa só peça) com a propriedade da paridade, sempre existe um ciclo fechado que passa ao longo de cada aresta exatamente uma vez. Aqui, sua ideia é começar criando um ciclo fechado. Se, por acaso, ele deixar de passar por algumas arestas, podemos acrescentá-las, modificando o ciclo, de modo que inclua "desvios" extras. A condição de paridade assegura que nenhum desvio fique jamais "emperrado", incapaz de se reunir ao ciclo original. Continue acrescentando desvios até que todas as arestas tenham sido incluídas... Pronto!

Este teorema nos permite compreender as arestas duplas que aparecem nas danças. Tome o dodecaedro como exemplo. Aqui, há vinte nós, os vértices, unidos por trinta arestas. Três arestas (um número ímpar) se encontram em cada vértice, portanto não pode haver um ciclo em que cada aresta é atravessada uma única vez. No entanto, se uma aresta for duplicada, então o vértice em cada extremidade será cruzado por quatro arestas, que é um número par. Você é capaz de encontrar dez arestas que, quando duplicadas, produzam um número par em *todos* os vértices? Se não, você poderia duplicar todas as arestas: nesse caso, seis se encontrariam em cada vértice. Mas você precisa realmente de tantas? Incidentalmente, o dodecaedro na Figura 91 não usa nenhuma destas abordagens, sobretudo porque envolve simetria rotacional tripla.

Danças com laçadas de barbante podem ser usadas para iluminar muitas outras áreas da matemática — ideias simples sobre geometria tridimensional e simetria, por exemplo. Mas seus objetivos educacionais não precisam ser tão dignos: essas danças são também muitíssimo divertidas. Em particular, são excelentes para quebrar o gelo em festas.

WEBSITES

Grupo de dança Dr. Schaffer and Mr. Stern Dance Ensemble
http://www.mathdance.org

A caligrafia palindrômica de Scott Kim é animada em
http://www.scottkim.com/inversions

Pontes de Königsberg
http://en.wikipedia.org/wiki/Seven_Bridges_of_K%C3%B6nigsberg
http://mathworld.wolfram.com/KoenigsbergBridgeProblem.html

Teoria geral dos grafos
http://en.wikipedia.org/wiki/Graph_theory

Sugestões de leitura

Capítulo 1

Dudeney, Henry Ernest. *Amusements in Mathematics*. Nova York, Dover, 1958.
Ekeland, Ivar. *The Broken Dice*. Chicago, University of Chicago Press, 1993.
Gardner, Martin. *Mathematical Magic Show*. Harmondsworth, Penguin, 1965.
Stewart, Ian. *Game, Set and Math*. Oxford, Blackwell, 1989; reimpresso Nova York, Dover, 2007.
Stewart, Ian. *Another Fine Math You've Got Me Into*. Nova York, Freeman, 1992; reimpresso Nova York, Dover, 2003.
Stewart, Ian. *Math Hysteria*. Oxford, Oxford University Press, 2004. [Ed. bras.: *Mania de matemática*. Rio de Janeiro, Zahar, 2005.]
Stewart, Ian. *How to Cut a Cake*. Oxford, Oxford University Press, 2006. [Ed. bras.: *Mania de matemática-2*. Rio de Janeiro, Zahar, 2009.]

Capítulo 2

Brakke, Kenneth A., "The opaque cube problem", *American Mathematical Monthly* 99, 1992, p.866-71.
Faber, Vance, Jan Mycielski e Paul Pedersen. "On the shortest curve which meets all the lines which meet a circle", *Annales Polonici Mathematici* 154, 1984, p.249-66.
Faber, Vance e Jan Mycielski. "The shortest curve that meets all the lines that meet a convex body", *American Mathematical Monthly* 93, 1986, p.796-801.
Gardner, Martin. "The opaque cube problem", *Cubism for Fun* 23, mar 1990, p.15.
Gardner, Martin. "The opaque cube again", *Cubism for Fun* 25, dez 1990, p.14-5.
Kawohl, Bernd. "The opaque square and the opaque circle", in *General Inequalities VII*, International Series in Numerical Mathematics 123, 1997, p.339-46.
Kawohl, Bernd. "Simmetry or not?", *Mathematical Intelligencer* 20, n.2, 1998, p.16-21.

Capítulo 3

Browne, Cameron. *Hex Strategy*. Natick, Massachusetts, A.K. Peters, 2000.
Gardner, Martin. *Mathematical Puzzles and Diversions from Scientific American*. Londres, Bell, 1961.
Nasar, Sylvia. *A Beautiful Mind*. Londres, Faber & Faber, 1998.
Stewart, Ian. *Math Hysteria*. Oxford, Oxford University Press, 2004. [Ed. bras.: *Mania de matemática*. Rio de Janeiro, Zahar, 2005.]

Capítulo 4

Granville, Andrew. "Prime number patterns", *American Mathematical Monthly* 115, 2008, p.279-96.
Nelson, Harry L. *Journal of Recreational Mathematics* 11, 1978-79, p.231.
Odlyzko, Andrew, Michael Rubinstein e Marek Wolf. "Jumping champions", *Experimental Mathematics* 8, n.2, 1999, p.107-18.

Capítulo 5

Cohen, A.H., S. Rossignol e S. Grillner (orgs.). *Neural Control of Rhythmic Motions in Vertebrates*. Nova York, Wiley, 1988.
Gambaryan, P. *How Mammals Run: Anatomical Adaptations*. Nova York, Wiley, 1974.
Hildebrand, M. "Symmetrical gaits of horses", *Science* 150, 1965, p.701-8.
Muybridge, Eadweard. *Animals in Motion*. Nova York, Dover, 2000.

Capítulo 6

Adams, Colin C. *The Knot Book*. São Francisco, W.H. Freeman, 1994.
Adams, Colin C. "Tilings of space by knotted tiles", *Mathematical Intelligencer* 17, n.2, 1995, p.41-51.
Grünbaum, B. e G.C. Shepard. *Tilings and Patterns*. Nova York, W.H. Freeman, 1987.

Capítulo 7

Geroch, Robert e Gary T. Horowitz, "Global structure of space-times", in S.W. Hawking e W. Israel (orgs.), *General Relativity: An Einstein Centenary Survey*. Cambridge, Cambridge University Press, 1979, p.212-93.
Gribbin, John. *In Search of the Edge of Time*. Nova York, Bantam Press, 1992.

Wells, H.G. *The Time Machine*, in *Selected Short Stories of H.G. Wells*. Harmondsworth, Penguin Books, 1964.

Capítulo 8

Al-Khalili, Jim. *Black Holes, Wormholes and Time Machines*. Londres, Taylor and Francis, 1999.
Luminet, Jean-Pierre. *Black Holes*. Cambridge, Cambridge University Press, 1992.
Penrose, R. "Singularities and time-asymmetry, in S.W. Hawking e W. Israel (orgs.), *General Relativity: An Einstein Centenary Survey*. Cambridge, Cambridge University Press, 1979, p.581-638.
Taylor, Edwin F. e John Archibald Wheeler. *Exploring Black Holes: An Introduction to General Relativity*. Nova York, Addison-Wesley, 2000.

Capítulo 9

Albrecht, Andreas, Robert Brandenberger e Neil Turok. "Cosmic strings and cosmic structure", *New Scientist*, 16 abr 1987, p.40-4.
Carroll, Sean M., Edward Farhi e Alan H. Guth. "An obstacle to building a time machine", *Physical Review Letters* 68, 1992, p.263-9.
Chown, Marcus. "Time travel without the paradoxes", *New Scientist*, 28 mar 1992, p.23.
Cramer, John R. "Neutrinos, ripples, and time loops", *Analog*, fev 1993, p.107-11.
J. Richard Gott, III. "Closed timelike curves produced by pairs of moving cosmic strings: exact solutions", *Physical Review Letters* 66, 1991, p.1126-9.
Morris, Michael S., Kip S. Thorne e Ulvi Yurtsever. "Wormholes, time machines, and the weak energy condition", *Physical Review Letters* 61, 1988, p.1446-9.
Redmount, Ian. "Wormholes, time travel, and quantum gravity", *New Scientist*, 28 abr 1990, p.57-61.

Capítulo 10

Bancroft, Donald G. *Rollable body*, US Patent #4.257.605, United States Patent and Trademark Office, Alexandria, Virginia, 24 mar 1981.
Celletti, Alessandra e Ettore Perozzi. *Celestial Mechanics: The Waltz of the Planets*. Nova York, Springer, 2006.

Westfall, Richard S. *Never at Rest: A Biography of Isaac Newton*. Cambridge, Cambridge University Press, 1983.

White, Michael. *Isaac Newton: The Last Sorcerer*. Londres, Fourth Estate, 1998.

Capítulo 11

Eggers, J. e T.F. Dupont. "Drop formation in a one-dimensional approximation of the Navier-Stokes equation", *Journal of Fluid Mechanics* 262, 1994, p.205.

Peregrine, D.H., G. Shoker e A. Symon. "The bifurcation of liquid bridges", *Journal of Fluid Mechanics* 212, 1990, p.25-39.

Shi, X.D., Michael P. Brenner e Sidney R. Nagel. "A cascade structure in a drop falling from a faucet", *Science* 265, 1994, p.219-22.

Thompson, D'Arcy W. *On Growth and Form*. Cambridge, Cambridge University Press, 1942.

Capítulo 12

Matthews, R.A.J. "The interrogator's fallacy", *Bulletin of the Institute of Mathematics and its Applications* 31, 1994, p.3-5.

Capítulo 13

Abbott, Robert. *Supermazes*. Rocklin, Prima Publishing, 1997.

Gardner, Martin. *More Mathematical Puzzles and Diversions from Scientific American*. Londres, Bell, 1963.

Gardner, Martin. *The Colossal Book of Mathematics*. Nova York, W.W. Norton, 2001.

Stewart, Ian. "A partly true story", *Scientific American* 268, n.2, 1993, p.85-7.

Capítulo 14

Rouse Ball, W.W. e H.S.M. Coxeter. *Mathematical Recreations and Essays*. Londres, Macmillan, 1939.

Dudeney, Henry Ernest. *Amusements in Mathematics*. Nova York, Dover, 1958.

Kraitchik, Maurice. *Mathematical Recreations*, 2ª ed. Londres, Allen & Unwin, 1960.

Schwenk, Allen J. "Which rectangular chessboards have a knight's tour?", *Mathematics Magazine* 64, n.5, 1991, p.325-32.

Capítulo 15

D'Antoni, Joseph. "Variations on Nauru Island figures", *Bulletin of the International String Figure Association* 1, 1994, p.27-68.

Jayne, Caroline. *String Figures and How to Make Them*. Nova York, Dover, 2003.

Murphy, James R. "Using string figures to teach math skills", *Bulletin of the International String Figure Association* 4, 1997, p.56-74.

Sherman, Mark A. "Evolution of the Easter Island string figure repertoire", *Bulletin of String Figures Association* 19, 1993, p.19-87.

Shishido, Yukio. "The reconstruction of the remaining unsolved Nauruan string figures", *Bulletin of the International String Figure Association* 3, 1996, p.108-30.

Sossinsky, Alexei. *Knots*. Cambridge, Massachusetts, Harvard University Press, 2002.

Storer, Tom. *Bulletin of String Figures Association*, edição especial vol.16, 1988 (especialmente o cap.III, sobre losangos indianos).

Vonnegut, Kurt. *Cat's Cradle* (nova ed.). Harmondsworth, Penguin Books, 1999.

Capítulo 16

Carlson, Stephan C. *Topology of Surfaces, Knots and Manifolds: A First Undergraduate Course*. Nova York, Wiley, 2001.

Fauvel, John, Raymond Flood e Robin Wilson (orgs.). *Möbius and His Band: Mathematics and Astronomy in Nineteenth-Century Germany*. Oxford, Oxford University Press, 1993.

Capítulo 17

Kemp, Martin. "Callan's canyons: art and science", *Nature* 390, 11 dez 1997, p.565.

Webster, Adrian. Letter to the editor, *Nature* 391, 29 jan 1998, p.431.

Capítulo 18

Adams, Colin. *The Knot Book*. Nova York, W.H. Freeman, 1994.

Ashley, Clifford W. *The Ashley Book of Knots*. Londres, Faber & Faber, 1993.

Bigon, M. e G. Regazzoni. *The Morrow Guide to Knots*. Nova York, Morrow, 1982.

Miles, Roger E. *Symmetric Bends*. Cingapura, World Scientific, 1995.

Smith, Phil D. *Knots for Mountaineering* (3ª ed.). Redlands, Citrograph, 1975.

Sossinsky, Alexei. *Knots*. Cambridge, Massachusetts, Harvard University Press, 2002.

Capítulo 19

Andrews, W.S. *Magic Squares and Cubes*. Nova York, Dover, 2000.

Ollerenshaw, Kathleen. *To Talk of Many Things*. Manchester, Manchester University Press, 2004.

Ollerenshaw, Kathleen e David S. Brée. *Most-Perfect Pandiagonal Magic Squares: Their Construction and Enumeration*. Southend-on-Sea, Institute of Mathematics and Its Applications, 1998.

Swetz, Frank J. *Legacy of the Luosho*. Wellesley, Massachusetts, A.K. Peters, 2008.

Capítulo 20

Dudley, Underwood. *A Budget of Trisections*. Nova York, Springer, 1987.

Dudley, Underwood. *Mathematical Cranks*. Washington, DC, Mathematical Association of America, 1996.

Dudley, Underwood. *The Trisectors*. Washington, DC, Mathematical Association of America, 1996.

Livio, Mario. *The Equation That Couldn't Be Solved*. Londres, Souvenir Press, 2006.

Stewart, Ian. *Galois Theory*. Boca Raton, CRC Press, 2003.

Stewart, Ian. *Why Beauty is Truth*. Nova York, Basic Books, 2007. [Ed. bras.: *Uma história da simetria na matemática*. Rio de Janeiro, Zahar, 2012.]

Capítulo 21

Gardner, Martin. *The Colossal Book of Mathematics*. Nova York, W.W. Norton, 2001.

Wilson, Robin J. *Introduction to Graph Theory*. Harlow, Longman, 1985.

Créditos das figuras

fig.46. Reproduzida com permissão. © Andrew Davidhazy.

fig.68. Reproduzida com permissão. © Nature e Jonathan Callan.

fig.72. Reproduzida com permissão. © Sloan Digital Sky Survey.

fig.73. Reproduzida com permissão. © Nasa.

figs.90-91. Reproduzidas com permissão. © Dr. Schaffer and Mr. Stern Dance Ensemble.

Índice remissivo